项目建设教学改革成果
电气技术专业一体化教材

JICHUANG DIANQI XIANLU JIANXIU

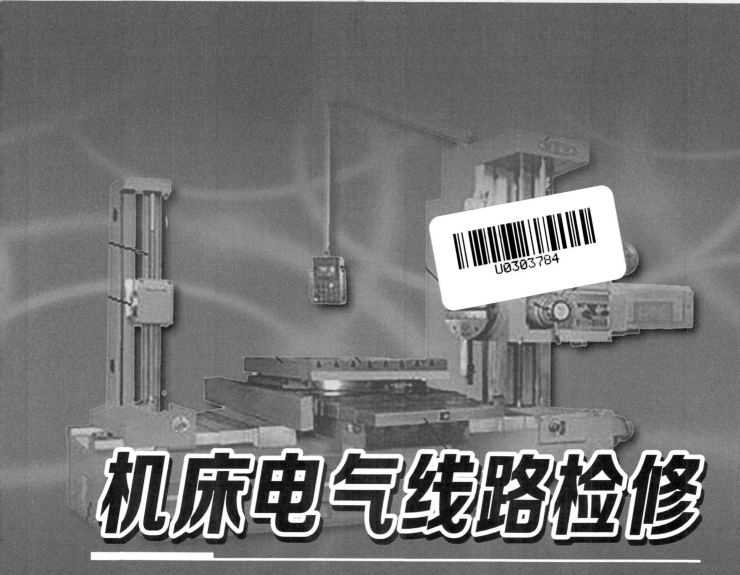

机床电气线路检修

◎ 主　编　黄清锋　金晓东　盛继华
◎ 副主编　吴浙栋　盛宏兵　王　鹏
◎ 参　编　柳和平　吴小燕　喻旭凌　杨　越　楼　露
◎ 主　审　吴兰娟

西安交通大学出版社
XI'AN JIAOTONG UNIVERSITY PRESS

图书在版编目（CIP）数据

机床电气线路检修 / 黄清锋，金晓东，盛继华主编.
—西安：西安交通大学出版社，2019.9（2021.7重印）
ISBN 978-7-5693-1322-2

Ⅰ.①机… Ⅱ.①黄… ②金… ③盛… Ⅲ.①机床—
电气控制—控制电路—检修—技工学校—教材 Ⅳ.
①TG502.35

中国版本图书馆CIP数据核字（2019）第198231号

书　　名	机床电气线路检修	
主　　编	黄清锋　金晓东　盛继华	
策划编辑	曹　昳	
责任编辑	李　佳　袁方林	
出版发行	西安交通大学出版社	
	（西安市兴庆南路1号　邮政编码710048）	
网　　址	http://www.xjtupress.com	
电　　话	（029）82668357 82667874（发行中心）	
	（029）82668315（总编办）	
传　　真	（029）82668280	
印　　刷	西安日报社印务中心	
开　　本	880mm×1230mm　1/16　印张 10.5　字数 216千字	
版次印次	2020年8月第1版　　2021年7月第3次印刷	
书　　号	ISBN 978-7-5693-1322-2	
定　　价	32.00元	

金华市技师学院项目建设教学改革成果
电气技术应用专业一体化课程系列教材编委会

《机床电气线路检修》编写组

为了贯彻落实全国职业教育工作会议精神，使机床电气线路检修教学更加贴近生产、贴近实际、贴近学习者，我们组织一批具有丰富教学和生产实践经验的一线教师、高技能人才、技术人员和企业一线专家，认真研讨、实践和论证，编写了本书。

【本书特点】

（1）本书充分汲取实践教学的成功经验和教学成果，从分析典型工作任务入手，构建培养计划，确定课程教学目标；

（2）贯彻先进的教学理念，大力推进课程改革，创新实践教学模式，坚持"做中学、做中教、做中评"；

（3）以技能训练为主线、相关知识为支撑，切实落实"管用、够用、适用"的教学指导思想；

（4）在设计任务时，设定模拟工作场景，提高学生的学习兴趣；

（5）以工作页式进行编排，将学习、练习功能集于一体，方便学生的使用。

【本书内容】

本书可作为技工院校电气自动化设备安装与维修专业教材。主要包括6个典型工作任务：CD6140型普通车床控制线路及其检修，M7130型平面磨床电气控制线路及其检修，Z3050型摇臂钻床电气控制线路及其检修，T68型卧式镗床电气控制线路及其检修，X62W型卧式万能铣床电气控制线路及其检修，20/5t型桥式起重机电气控制线路及其检修。

本书由黄清锋、金晓东、盛继华担任主编，吴浙栋、盛宏兵、王鹏担任副主编，柳和平、吴小燕、喻旭凌、杨越、楼露参加编写，吴兰娟主审。

由于编者水平有限，书中难免有疏漏和不妥之处，恳请各位读者提出宝贵意见，以便及时修正。

金华市技师学院编委会

C目录
Contents

任务一

CD6140型普通车床控制线路及其检修

工作任务单

学习任务描述

CD6140型车床是一种应用极为广泛的金属切削通用机床，能够车削外圆、内圆、端面、螺纹、螺杆及定型表面等。学校车工实训室有50台CD6140型车床，主要用于车工技能实训及外加工任务，由于使用频率高，车床经常出现电气故障。现3#、6#、15#车床主轴不能启动，7#、22#车床照明灯不亮，25#、30#车床快速移动无效，学校派发了维修任务，要求在2个工作日内完成并交付负责人。任务实施过程中，必须按照电气设备检修要求进行，检修过程中的电工操作应符合《GB 50254—2014电气装置安装工程低压电器施工及验收规范》。车床检修完成后，电气控制系统应满足机床原有的机械性能要求，保证车床可靠安全工作，并交付指导教师及车床管理责任人验收，协作通知单回执联在车床管理责任人签字后上交学校。

维修任务通知单如下：

金华市技师学院维修通知单

存根联： №：

报修部门		报修人员	
维修地点	车工实训室		
通知时间		应完成时间	
维修（加工）内容	3#、6#、15#车床主轴不能启动，7#、22#车床照明灯不亮，25#、30#车床快速移动无效		

金华市技师学院维协作通知单

通知联： №：

协作部门	□数控教研组	☑电气教研组	□机电教研组	□模具教研组
报修部门				
维修地点	车工实训室	报修人员		
通知时间		应完成时间		
维修（加工）内容	3#、6#、15#车床主轴不能启动，7#、22#车床照明灯不亮，25#、30#车床快速移动无效 教研组主任签名：			
备注	1. 教研组及时安排好协作人员 2. 协作人员收到此单后，需按规定时间完成 3. 协作人员工作完毕，认真填好验收单，请使用人员验收签名后交回学校			

学习目标

完成本教学任务后，学生能正确识读 CD6140 型普通车床电气原理图，能按故障检修的方法及步骤分析同难度普通车床的电气故障原因，确定故障范围，并最终确定故障点及排除故障。

（1）能正确识读 CD6140 型普通车床电气图，包括原理图、电气接线图；

（2）能按照电气设备日常维护保养内容及要求对电动机、常用控制设备进行维护保养；

（3）能根据机床的故障现象及电气原理图分析故障原因，确定故障范围；

（4）能借助仪表及合理的方法检测并确定故障点；

（5）能按电气故障检修要求及电工操作规范排除故障；

（6）能与教师、同学有效沟通，有团队合作精神，有良好的职业习惯；

（7）能按 7S 要求清理工作现场。

学习时间

14 课时。

工作流程与活动：

教学活动一：明确任务（1 课时）；

教学活动二：制订计划（1 课时）；

教学活动三：工作准备（6 课时）；

教学活动四：任务实施（2 课时）；

教学活动五：任务验收（2 课时）；

教学活动六：总结拓展（2 课时）。

学习地点

电工模拟排故室二，车工实训室。

学材

《常用机床电气检修》教材，学生学习工作页，电工安全操作规程，《GB 50254—2014 电气装置安装工程低压电器施工及验收规范》。

明确任务

教学活动一

学习目标

能阅读"CD6140 型普通车床维修"工作任务单，明确工时、工作任务等信息，熟悉电气设备维修的一般要求。

学习场地

电工模拟排故室二。

学习时间

1 课时。

教学过程

填写任务要求明细表 1-1。

表1-1　CD6140型普通车床维修任务要求明细表

报修记录					
报修部门		报修人		报修时间	
报修级别	特急□　急□　一般□		希望完工时间	年　月　日以前	
故障设备			设备编号		
故障状况					
接单人及时间			预定完工时间		
电气设备检修维护保养的一般要求					

教学活动二　制订计划

学习目标

能进行人员分组，能根据学习任务制订工作计划。

学习场地

电工模拟排故室二。

学习时间

1课时。

教学过程

一、学生分组

在教师指导下，自选组长，由组长与班里同学协商，组成学习小组，确定小组名称及小组各成员的职责，填写小组成员及职责表 1-2。

表1-2　小组成员及职责表

小组名：_____

小组成员	姓名	职责
组长		
安全员		
工具员		
材料员		
组员		
组员		

二、制订工作计划

根据工作任务制订工作计划，并填写 CD6140 型普通车床电气检修工作计划表 1-3。

表1-3　CD6140型普通车床电气检修工作计划表

序号	工作内容	工期	人员安排	地点	备注

教学活动三　　工作准备

学习目标

（1）能正确识读 CD6140 型普通车床电气图，包括原理图、电气接线图，并正确回答问题；

（2）能根据 CD6140 型普通车床的故障现象及电气原理图分析故障原因，确定故障范围；

（3）初步掌握 CD6140 型普通车床电气检修方法及步骤；

（4）能在教师指导下，对 CD6140 型普通车床进行试车操作；

（5）能与教师、同学有效沟通，有团队合作精神，有良好的职业习惯。

学习场地

电工模拟排故室二。

学习时间

6 课时。

教学过程

学一学

CD6140型车床广泛应用于机械加工行业，可以车削外圆、内圆、端面、螺纹、螺杆等。

一、车床的主要结构及运动形式

1. 主要结构

CD6140型车床主要由床腿、床身、主轴变速箱、进给箱、溜板箱、溜板与刀架、尾架、主轴、丝杠与光杠等组成，其外形结构见图 1-1。

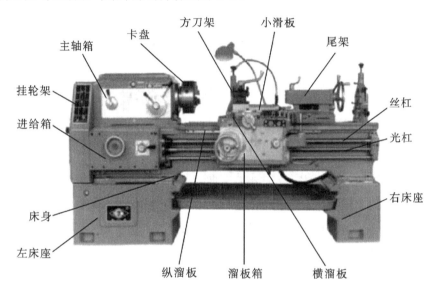

图 1-1　CD6140 型普通车床外形结构图

2. 运动形式

车床的主运动是主轴的旋转运动，是由主轴电动机 M1 通过带轮传动到主轴箱再旋转的。

快速进给运动是溜板箱带刀架的直线运动，是由快进电动机 M2 传动到进给箱，通过光杠传入溜板箱，再通过溜板箱的齿轮与床身上的齿条或下刀架的丝杠、螺母等获得纵、横两个方向的快速进给。常速进给仍由 M1 来传动。

二、CD6140 型车床电力拖动特点及控制要求

（1）主轴的转动及刀架的移动由主拖动电机带动，主拖动电动机一般选用三相鼠笼式异步电动机，并采用机械变速。

（2）主拖动电机采用直接启动，启动、停止采用按钮操作，停止采用机械制动。

（3）车削螺纹时，主轴要求正 / 反转。小型车床一般采用电动机正反转控制，CD6140 型车床则靠摩擦离合器来实现，电动机只作单向旋转。

（4）车削加工时，需用切削液对刀具和工件进行冷却。为此，设有一台冷却泵电动机，拖动冷却泵输出冷却液。

（5）冷却泵电动机与主轴电动机有着顺序关系，即冷却泵电动机应在主轴电动机启动后才可选择启动与否；而当主轴电动机停止时，冷却泵电动机立即停止。

（6）为实现溜板箱的快速移动，由单独的快速移动电动机拖动，且采用点动控制。

三、电气控制线路分析

CD6140 型普通车床电气原理图见图 1-2。

1. 主电路分析

M1：主轴电动机，由 KM1 控制单向运转。

M2：刀架快速移动电动机，由 KM2 控制单向运转。

M3：冷却泵电动机，由 KM3 控制运转。

2. 控制电路分析

控制电路电源由控制变压器 TC 次级提供：～ 220V。

1）主轴电机 M1 控制

启动：按下 SB3 → KM1 得电（自锁）→ M1 连续运转。

停止：断开 SB3 → KM1 失电→ M1 停止运转。

过载保护：FR1 动作→主轴电机 M1 停止运行。

2）冷却泵 M3 控制：冷却泵常用顺序控制

启动：主轴电动机 M1 运转→合上 SB2 → KM3 得电→ M3 连续运转→提供冷却液。

停止：断开 SB2 或停止主轴电动机运转→ KM3 失电→ M3 停止运转。

过载保护：FR3 动作→冷却泵停止运行。

3）刀架快速移动控制

按下 SB1 → KM2 得电→ M2 运转（点动控制）。

3. 保护功能及辅助电路分析

（1）车床电源开关由断路器 QF 控制。

（2）打开机床控制配电盘壁龛门，自动切除机床电源的保护。在配电盘壁龛门上装有安全行程开关 SQ1。当打开配电盘壁龛门时，安全开关的触头 SQ1 闭合，使断路器线圈通电而自动跳闸，断开电源，确保人身安全。

（3）机床床头皮带罩处设有安全开关 SQ2，当打开皮带罩时，安全开关触头 SQ2 断开，将接触器 KM1、KM2、KM3 线圈电路切断，电动机将全部停止旋转，确保了人身安全。

（4）为满足打开机床控制配电盘壁龛门进行带电检修的需要，可将 SQ1 安全开关传动杆拉出，使触头断开，此时 QF 线圈断电，QF 开关仍可合上。带电检修完毕，关上壁龛门后，将 SQ1 开关传动杆复位，SQ1 保护功能照常起作用。

（5）电动机 M1、M3 由热继电器 FR1、FR3 实现电动机长期过载保护；断路器 QF 实现电路的过流、欠压保护；熔断器 FU、FU1 ～ FU6 实现各部分电路的短路保护。此外，还设有 HL1 机床照明灯和 HL2 信号灯进行刻度照明。

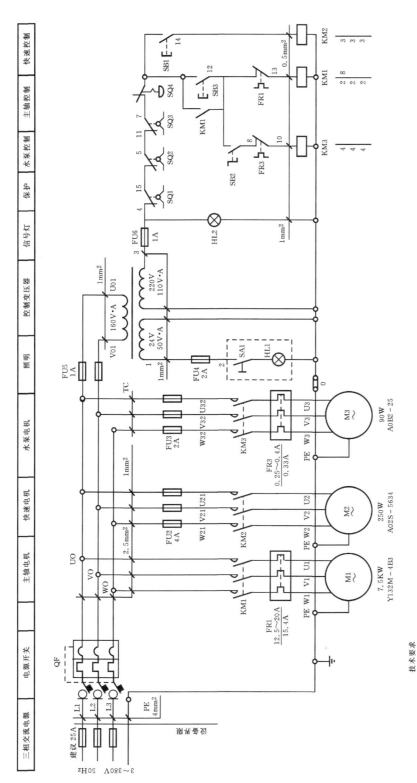

图 1-2 CD6140 型普通车床电气原理图

四、电气设备维修的十项原则

（1）先动口再动手。对于有故障的电气设备，不应急于动手，应先询问产生故障的前后经过及故障现象。对于生疏的设备，还应先熟悉电路原理和结构特点，遵守相应规则。拆卸前要充分熟悉每个电气部件的功能、位置、连接方式以及与四周其他器件的关系，在没有组装图的情况下，应一边拆卸，一边画草图，并记上标记。

（2）先外部后内部。应先检查设备有无明显裂痕、缺损，了解其维修史、使用年限等，然后再对机内进行检查。拆前应排除周边的故障因素，确定为机内故障后才能拆卸，否则，盲目拆卸可能将设备越修越坏。

（3）先机械后电气。只有在确定机械零件无故障后，才能进行电气方面的检查。检查电路故障时，应利用检测仪器寻找故障部位，确认无接触不良故障后，再有针对性地查看线路与机械的运作关系，以免误判。

（4）先静态后动态。在设备未通电时，判定电气设备按钮、接触器、热继电器以及保险丝的好坏，从而判定故障的所在。通电试验，听其声、测参数，判定故障，最后进行维修。如在电动机缺相时，若测量三相电压值无法判别，就应该听其声，单独测每相对地电压，方可判定哪一相缺损。

（5）先清洁后维修。对污染较重的电气设备，先对其按钮、接线点、接触点进行清洁，检查外部控制键是否失灵。许多故障都是由脏污及导电尘块引起的，一经清洁故障往往会排除。

（6）先电源后设备。电源部分的故障在整个设备故障中占的比例很高，所以先检修电源往往可以事半功倍。

（7）先普遍后非凡。因装配配件质量或其他设备故障而引起的故障，一般占常见故障的 50% 左右。电气设备的非凡故障多为软故障，要用经验和仪表来测量和维修。

（8）先外围后内部。先不要急于更换损坏的电气部件，在确认外围设备电路正常时，再考虑更换损坏的电气部件。

（9）先直流后交流。检修时，必须先检查直流回路静态工作点，再检查交流回路动态工作点。

（10）先故障后调试。对于调试和故障并存的电气设备，应先排除故障，再进行调试，调试必须在电气线路正常的前提下进行。

五、电气设备检修一般步骤

1. 观察和调查故障现象

电气故障现象是多种多样的，例如，同一类故障可能有不同的故障现象，不同类故障可能有同种故障现象，这种故障现象的同一性和多样性，给查找故障带来复杂性。但是，故障现象是检修电气故障的基本依据，是电气故障检修的起点，因而要对故障现象进行仔细观察、分析，找出故障现象中最主要的、最典型的方面，搞清故障发生的时间、地点、环境等。

2. 分析故障原因——初步确定故障范围、缩小故障部位

根据故障现象分析故障原因是电气故障检修的关键。分析的基础是电工电子基本理论，是对电气设备的构造、原理、性能的充分理解，是电工电子基本理论与故障实际的结合。某一电气故障产生的原因可能很多，重要的是在众多原因中找出最主要的原因。

3. 确定故障的具体部位——判断故障点

确定故障部位是电气故障检修的最终归纳和结果。确定故障部位可理解为确定设备的故障点，如短路点、损坏的元器件等，也可理解为确定某些运行参数的变异，如电压波动、三相不平衡等。确定故障部位是在对故障现象进行周密的考察和细致分析的基础上进行的。在这一过程中，可采用多种检查手段和方法。

4. 排除故障

将已经确定的故障点，使用正确的方法予以排除。

5. 校验与试车

在故障排除后，还要进行校验和试车。

六、故障检查方法

1. 直观法

直观法是根据电气故障的外部表现，通过问、看、听、摸、闻等手段，检查、判定故障的方法。

问：向现场操作人员了解故障发生前后的情况。如故障发生前是否过载、频繁启动和停止；故障发生时是否有异常声音和振动，有没有冒烟、冒火等现象。

看：仔细察看各种电气元件的外观变化情况。如看触点是否烧融、氧化，熔断器熔体熔断指示器是否跳出，热继电器是否脱扣，导线和线圈是否烧焦，热继电器整定值是否合适，瞬时动作整定电流是否符合要求等。

听：主要听有关电器在故障发生前后声音有否差异。如听电动机启动时是否只"嗡嗡"响而不转；接触器线圈得电后是否噪声很大等。

摸：故障发生后，断开电源，用手触摸或轻轻推拉导线及电器的某些部位，以察觉异常变化。如摸电动机、自耦变压器和电磁线圈表面，感觉湿度是否过高；轻拉导线，看连接是否松动；轻推电器活动机构，看移动是否灵活等。

闻：故障出现后，断开电源，将鼻子靠近电动机、自耦变压器、继电器、接触器、绝缘导线等处，闻闻是否有焦味。如有焦味，则表明电器绝缘层已被烧坏，主要原因则可能是过载、短路或三相电流严重不平衡等故障。

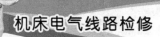

2. 测量电压法

测量电压法是根据电器的供电方式，测量各点的电压值与电流值并与正常值比较。具体可分为分阶测量法、分段测量法和点测法。

3. 测电阻法

测电阻法可分为分阶测量法和分段测量法。这两种方法适用于开关、电器分布距离较大的电气设备。

4. 对比、置换元件、逐步开路（或接入）法

对比法：把检测数据与图纸资料及平时记录的正常参数相比较来判定故障。对无资料又无平时记录的电器，可与同型号的完好电器相比较。电路中的电气元件属于同样控制性质或多个元件共同控制同一设备时，可以利用其他相似的或同一电源的元件动作情况来判定故障。

置换元件法：某些电路的故障原因不易确定或检查时间过长时，为了保证电气设备的利用率，可转换为同一相性能良好的元器件进行实验，以证实故障是否由此电器引起。运用转换元件法检查时应注意，当把原电器拆下后，要认真检查是否已经损坏，只有肯定是由于该电器本身因素造成损坏时，才能换上新电器，以免新换元件再次损坏。

逐步开路（或接入）法：多支路并联且控制较复杂的电路短路或接地时，一般有明显的外部表现，如冒烟、有火花等。电动机内部或带有护罩的电路短路、接地时，除熔断器熔断外，不易发现其他外部现象，这种情况可采用逐步开路（或接入）法检查。逐步开路法：碰到难以检查的短路或接地故障，可重新更换熔体，把多支路交联电路，一路一路逐步或重点地从电路中断开，然后通电试验，若熔断器一再熔断，故障就在刚刚断开的这条电路上。然后再将这条支路分成几段，逐段地接入电路。当接入某段电路时熔断器又熔断，故障就在这段电路及某电气元件上。这种方法简单，但容易把损坏不严重的电气元件彻底烧毁。逐步接入法：电路出现短路或接地故障时，换上新熔断器逐步或重点地将各支路一条一条地接入电路，重新试验。当接到某段时熔断器又熔断，故障就在刚刚接入的这条电路及其所包含的电气元件上。

5. 强迫闭合法

在排除电气故障时，若经过直观检查后没有找到故障点而手边也没有适当的仪表进行测量，可用一绝缘棒将有关继电器、接触器、电磁铁等用外力强行按下，使其常开触点闭合，然后观察电器部分或机械部分出现的各种现象，如电动机从不转到转动，设备相应的部分从不动到正常运行等。

6. 短接法

设备电路或电器的故障大致归纳为短路、过载、断路、接地、接线错误、电器的电磁及机械部分故障等六类。诸类故障中出现较多的为断路故障，它包括导线断路、虚连、松动、触点接触不良、虚焊、假焊、熔断器熔断等。对这类故障除用电阻法、电压法检查外，

还有一种更为简单可行的方法，就是短接法。方法是用一根绝缘良好的导线，将所怀疑的断路部位短接起来，如短接到某处，电路工作恢复正常，说明该处断路。具体操作可分为局部短接法和长短接法。

以上几种检查方法，要灵活运用，遵守安全操作规程。对于连续烧坏的元器件，应查明原因后再进行更换；电压测量时，应考虑到导线的压降；不违反设备电气控制的原则，试车时，手不得离开电源开关，并且应使用等量或略小于额定电流的保险；注意测量仪器挡位的选择。

七、电气设备检修技巧

1. 熟悉电路原理，确定检修方案

当一台设备的电气系统发生故障时，不要急于动手拆卸，首先要了解该电气设备产生故障的现象、经过、范围、原因，熟悉该设备及电气系统的基本工作原理，分析各个具体电路，弄清电路中各级之间的相互联系以及信号在电路中的来龙去脉，结合实际经验，经过周密思考，才能确定一个科学的检修方案。

2. 先机械，后电路

电气设备都以电气—机械原理为基础，特别是机电一体化的先进设备，机械和电子在功能上有机配合，是一个整体的两个部分。往往机械部件出现故障，会影响整个电气系统，许多电气部件的功能就不起作用。因此，不要被表面现象迷惑，电气系统出现故障并不全是电气本身的问题，也有可能是机械部件发生故障所造成的。因此，先检修机械系统所产生的故障，再排除电气部分的故障，往往会收到事半功倍的效果。

3. 先简单，后复杂

检修故障要先用最简单易行、自己最拿手的方法去处理，再用复杂、精确的方法。排除故障时，先排除直观、显而易见、简单常见的故障，后排除难度较高、没有处理过的疑难故障。

4. 先检修通病，后攻疑难杂症

电气设备经常容易产生的相同类型的故障就是"通病"。由于通病比较常见，积累的经验较丰富，因此可快速排除。这样就可以集中精力和时间排除比较少见、难度高、古怪的疑难杂症，简化步骤，缩小范围，提高检修速度。

5. 先外部调试，后内部处理

外部是指暴露在电气设备外壳或密封件外部的各种开关、按钮、插口及指示灯。内部是指在电气设备外壳或密封件内部的印制电路板、元器件及各种连接导线。先外部调试，后内部处理，就是在不拆卸电气设备的情况下，利用电气设备面板上的开关、旋钮、按钮等调试检查，缩小故障范围，首先排除外部部件引起的故障，再检修机内的故障，尽量避免不必要的拆卸。

6. 先不通电测量，后通电测试

首先在不通电的情况下，对电气设备进行检修，然后再在通电情况下，对电气设备进行检修。对许多发生故障的电气设备检修时，不能立即通电，否则会人为扩大故障范围，烧毁更多的元器件，造成不应有的损失。因此，在故障机通电前，先进行电阻测量，采取必要的措施后，方能通电检修。

7. 先公用电路，后专用电路

任何电气系统的公用电路出故障，其能量、信息就无法传送、分配到各具体专用电路，专用电路的功能、性能就不起作用。如一个电气设备的电源出故障，整个系统就无法正常运转，向各种专用电路传递的能量、信息就不可能实现。因此，遵循先公用电路，后专用电路的顺序，就能快速、准确地排除电气设备的故障。

8. 总结经验，提高效率

电气设备出现的故障五花八门、千奇百怪。任何一台有故障的电气设备检修完，都应该把故障现象、原因、检修经过、技巧、心得记录在专用笔记本上，学习掌握各种新型电气设备的机电理论知识、熟悉其工作原理、积累维修经验，将自己的经验上升为理论。在理论指导下，具体故障具体分析，才能准确、迅速地排除故障。只有这样才能把自己培养成为检修电气故障的行家里手。

动一动

现场观摩，熟悉 CD6140 型普通车床。

1. 观摩 CD6140 型普通车床

仔细观察车床的基本操作方法及正常工作状态，记录操作步骤及工作状态：

_____

_____

_____

_____

_____

_____

2. 操作 CD6140 型普通车床

练习 CD6140 型普通车床的基本操作，体验 CD6140 型普通车床的操作方法。

加强对 CD6140 型普通车床的结构、运动形式、控制特点的认识，熟悉车床电气控制元件及其在车床中的位置，主要观摩以下内容：

（1）车床的主要组成部件的识别（主轴箱、主轴、进给箱、丝杠与光杠、溜板箱、溜板、刀架等）。

（2）通过车床的切削加工演示，观摩车床的主运动、进给运动及刀架的快速运动，注意观察各种运动的操纵、电动机的运转状态及传动情况。

（3）观察冷却泵电动机的工作情况，注意冷却泵与主轴之间的联锁。

（4）观察各种元器件的安装位置及其配线。

温馨提示

操作时要注意以下几点：

（1）实习学生进入车间必须穿好工作服，并扎紧袖口，女生须戴安全帽，加工硬脆工件或高速切削时，须戴防护眼镜。

（2）实习学生必须熟悉车床性能，掌握操作手柄的功用，否则不得动用车床。

（3）车床启动前要检查手柄位置是否正常，手动操作各移动部件有无碰撞或不正常现象，润滑部位要加油润滑。

（4）工件、刀具和夹具都必须装夹牢固才能切削。

（5）主轴变速、装夹工件、紧固螺钉、测量工作、清除切屑或离开机床等都必须停车。

（6）装卸卡盘或装夹重工件，要有人协助，床面上必须垫木板。

（7）工件转动中不准手摸工件，不准用棉纱擦拭工件，不得用手去清除切屑，不得用手强行刹车。

（8）车床运转不正常、有异声或异常现象，轴承温度过高时，要立即停车，报告指导教师。

（9）工作场地应保持整洁，刀具、工具、量具要放在规定地方，床面上禁止放任何物品。

（10）工作结束后应擦净车床，并在导轨面上加油，关闭车床电源。

（11）严禁在车间内追逐、打闹、喧哗、阅读与实习无关的书刊、玩手机等。

（12）加工过程中，操作者不得擅自离开机床，应保持思想高度集中，观察机床的运行状态。若发生不正常现象或事故时，应立即终止程序运行，并及时报告指导教师。

练一练

一、填空题

1. 采用电阻法测量电路故障，机床设备必须处于_____状态。

2. 利用万用表检查电气故障时，常利用万用表的____挡检查元器件是否短路或断路。

3. CD6140型普通车床电气原理图中，M1是_____电机。

4. CD6140型普通车床主轴箱的主要功能是实现主轴的_____和_____。

二、判断题

（　）1. 电动机的绝缘电阻应该小于0.5 MΩ。

（　）2. 检修机床电气控制线路时，发现有元件损坏可以随意更换。

（　）3. 工作在正常环境条件下的电动机，应定期用兆欧表检查其绝缘电阻。

（　）4. 修理后的电器装置必须满足其质量标准要求。

（　）5. 修复故障的同时，必须进一步分析查明产生故障的根本原因，并加以排除。

（　）6. CD6140 型普通车床的正反转是由主轴电动机 M1 的正反转来实现的。

（　）7. CD6140 型普通车床的主电路中，接触器 KM 可以用中间继电器代替。

（　）8. CD6140 型普通车床中的低压断路器 QF，只有当线圈通电时才能合闸。

三、选择题

1. 电气设备维修包括（　）。

A. 日常维护保养　　　　　　B. 故障检修　　　　　　C. 前两项都是

2. 机床检修检查故障常用的方法有（　）。

A. 电压法　　　　　　B. 电阻法　　　　　　C. 短接法　　　　　　D. 前三种都是

3. 主轴电动机缺相运行，可能会（　）。

A. 烧坏控制电路　　　　　　B. 电动机加速运行　　　　　　C. 烧坏电动机

4. 机床经常因过载而停车，应该（　）。

A. 换熔体即可　　　　　B. 查清过载原因并排除，等热继电器触头复位后重新开车

C. 等热继电器触头复位后重新开车

5. CD6140 型普通车床主轴的调速采用（　）。

A. 电气调速　　　　　B. 齿轮箱进行机械有级调速　　　　　C. 机械与电气配合调速

6. CD6140 型普通车床主轴电动机的失压保护由（　）完成。

A. 接触器自锁环节　　　　　　B. 低压断路器　　　　　　C. 热继电器

7. CD6140 型普通车床主轴电动机的过载保护由（　）完成。

A. 接触器自锁环节　　　　　　B. 低压断路器 QF　　　　　　C. 热继电器 FR1

四、识读 CD6140 型普通车床电气原理图，分析工作原理

1. 请根据原理图电源部分内容回答下列问题。

引导问题 1：主电路采用什么样的供电方式，其电压为多少？

_____

引导问题 2：控制电路采用什么样的供电方式，其电压为多少？

_____

引导问题 3：照明电路和指示电路各采用什么样的供电方式，其电压各为多少？

_____

引导问题 4：主电路和辅助电路中各供电电路的控制器件是哪个？

_____

引导问题 5：主电路和辅助电路中各供电电路采用了什么保护措施？保护器件是哪个？

_____

_____

_____

_____

引导问题6：变压器的作用是什么？请测量一、二次绕组电压与阻值并记录。

绕组名称				
电压值 /V				
阻值 /Ω				

2. 请根据原理图主电路部分内容回答下列问题。

引导问题1：主电路有哪几台电动机？

_____

引导问题2：主电路都使用了哪种电动机？

_____

引导问题3：主拖动电动机主要起什么作用？

_____

引导问题4：冷却泵电动机的作用是什么？

_____

引导问题5：快速移动电动机的作用是什么？

_____

3. 请根据原理图辅助电路部分内容，查阅相关资料回答下列问题。

引导问题1：主拖动电动机电力拖动特点及控制要求是什么？

_____

引导问题2：冷却泵电动机电力拖动特点及控制要求是什么？

_____

引导问题3：快速移动电动机电力拖动特点及控制要求是什么？

_____

引导问题4：主拖动电动机的控制电路由哪些器件组成，其控制电路工作原理是什么？

_____

_____

引导问题5：冷却泵电动机的控制电路由哪些器件组成，其控制电路工作原理是什么？

_____

引导问题6：主拖动电动机与冷却泵电动机有什么关系？由哪些器件来实现？

_____

引导问题 7：快速移动电动机的控制电路由哪些器件组成，其控制电路工作原理是什么？

_____

引导问题 8：电路中采用了什么保护？由哪些器件实现？

_____

引导问题 9：请小组将各成员分析的工作原理进行汇总、讨论，并展示。

_____

五、电气故障检修一般方法步骤

1. 电气设备检修基本原则。

引导问题：电气设备在检修时也需要遵循一些原则，你知道是什么吗？请你查阅资料并简要叙述。

_____

_____

_____

_____

_____

2. 电气设备检修一般步骤。

引导问题：请你试着说出电气设备故障检修步骤，并进行小组讨论、归纳和总结。

_____

_____

_____

_____

_____

3. 电气设备故障检查常用方法。

引导问题 1：请想一想，要完成确定故障具体部位的工作可采用的检查方法有哪些？

_____

_____

_____

_____

引导问题 2：你还记得如何使用试电笔吗？请简单地描述一下。

_____

_____

引导问题3：使用万用表测量电阻的方法和注意事项你还记得吗？请简要地写一写。

_____

_____

_____

引导问题4：用万用表测量电压的方法和注意事项是什么？

_____

_____

_____

_____

_____

六、模拟排故

1. 分析故障现象（教师假设故障点，学生根据原理分析故障现象）。

（1）根据教师给出的故障现象，结合原理分析故障现象。

（2）通电试车验证分析结果的正确性，并作记录。

故障点1：

_____

_____

故障点2：

_____

_____

2. 模拟排故。

（1）单故障排故（教师每次在排故台上设置1个故障，学生进行排故练习，额定工时：15分钟），并回答以下问题。

故障现象：_____

_____

根据原理分析故障范围：_____

_____

检测结果：_____

_____

故障排除情况：_____

_____

（2）双故障排故（教师每次在排故台上设置2～3个故障，学生进行排故练习，额定工时：20分钟），并回答以下问题。

故障 1：

故障现象：＿＿＿＿＿＿＿＿＿＿＿＿＿＿＿＿＿＿＿＿＿＿＿＿＿＿＿

＿＿＿＿＿＿＿＿＿＿＿＿＿＿＿＿＿＿＿＿＿＿＿＿＿＿＿＿＿＿＿＿

根据原理分析故障范围：＿＿＿＿＿＿＿＿＿＿＿＿＿＿＿＿＿＿＿＿＿

＿＿＿＿＿＿＿＿＿＿＿＿＿＿＿＿＿＿＿＿＿＿＿＿＿＿＿＿＿＿＿＿

检测结果：＿＿＿＿＿＿＿＿＿＿＿＿＿＿＿＿＿＿＿＿＿＿＿＿＿＿＿

＿＿＿＿＿＿＿＿＿＿＿＿＿＿＿＿＿＿＿＿＿＿＿＿＿＿＿＿＿＿＿＿

故障排除情况：＿＿＿＿＿＿＿＿＿＿＿＿＿＿＿＿＿＿＿＿＿＿＿＿＿

＿＿＿＿＿＿＿＿＿＿＿＿＿＿＿＿＿＿＿＿＿＿＿＿＿＿＿＿＿＿＿＿

故障 2：

故障现象：＿＿＿＿＿＿＿＿＿＿＿＿＿＿＿＿＿＿＿＿＿＿＿＿＿＿＿

＿＿＿＿＿＿＿＿＿＿＿＿＿＿＿＿＿＿＿＿＿＿＿＿＿＿＿＿＿＿＿＿

根据原理分析故障范围：＿＿＿＿＿＿＿＿＿＿＿＿＿＿＿＿＿＿＿＿＿

＿＿＿＿＿＿＿＿＿＿＿＿＿＿＿＿＿＿＿＿＿＿＿＿＿＿＿＿＿＿＿＿

检测结果：＿＿＿＿＿＿＿＿＿＿＿＿＿＿＿＿＿＿＿＿＿＿＿＿＿＿＿

＿＿＿＿＿＿＿＿＿＿＿＿＿＿＿＿＿＿＿＿＿＿＿＿＿＿＿＿＿＿＿＿

故障排除情况：＿＿＿＿＿＿＿＿＿＿＿＿＿＿＿＿＿＿＿＿＿＿＿＿＿

＿＿＿＿＿＿＿＿＿＿＿＿＿＿＿＿＿＿＿＿＿＿＿＿＿＿＿＿＿＿＿＿

温馨提示

（1）在低压设备上的检修工作，必须事先汇报教师，经教师同意后才可进行。

（2）现场工作开始前，应检查安全措施是否符合要求，运行设备及检修设备是否明确分开，严防误操作。

（3）工作时，必须严格按照停电、验电、放电、挂停电牌的安全技术步骤进行操作。

（4）检修时，拆下的各零件要集中摆放，拆各接线前，必须将接线顺序及线号记好，避免出现接线错误。测量时，一般以自然断点为界，将电路分为上下两部分进行（电路的常开环节就是典型的自然断点）。在检修时如果出现被测线路都正常的情况，此时就应该查找元器件。

（5）严禁带电作业。

（6）检修完毕，经全面检查无误后将隔离刀闸送上，试运转后，将结果汇报教师，并做好检修记录。

教学
活动四　　　　任务实施

学习目标

（1）能正确识读 CD6140 型普通车床电气图，包括原理图、电气接线图；

（2）能根据 CD6140 型普通车床的故障现象及电气原理图分析故障原因，确定故障范围；

（3）能正确选择和使用仪器仪表，借助一定的工具、仪器仪表确定故障点，并最终排除电气故障；

（4）能与教师、同学有效沟通，有团队合作精神，有良好的职业习惯；

（5）能按 7S 要求整理工作现场。

学习场地

车工实训室。

学习时间

2 课时。

教学过程

1. 向车床操作工人询问故障产生情况并记录于表 1-4

表1-4　故障产生情况记录表

购买时间	
使用记录	
以前出现过的故障	
维修情况	
维修时间	
本次故障现象（与操作人员交流获取）	

温馨提示

向操作者和故障在场人员询问情况，包括询问以往有无发生过同样或类似故障，曾作过何种处理，有无更改过接线或更换过零件等；故障发生前有什么征兆，故障发生时有什么现象，当时的天气状况如何，电压是否太高或太低；故障外部表现、大致部位、发生故障时的环境情况，如有无异常气体、明火、热源是否接近电器、有无腐蚀性气体侵入、有无漏水；如果故障发生在有关操作期间或之后，还应询问当时的操作内容以及方法步骤。了解情况要尽可能详细和真实，以期少走弯路。

2. 直观检查故障情况并作记录

_____

_____

_____

_____

_____

温馨提示

根据调查的情况，查看有关电器外部有无损坏，连线有无断路、松动，绝缘有无烧焦，螺旋熔断器的熔断指示器是否跳出，电器有无进水、油垢，开关位置是否正确等。

3. 通电试车观察故障现象并作记录

_____

_____

_____

温馨提示

通过初步检查，确认不会使故障进一步扩大和造成人身、设备事故后，可进一步试车检查，试车中要注意有无严重跳火、异常气味、异常声音等现象，一经发现应立即停车，切断电源。注意检查电气的温升及电气的动作程序是否符合电气设备原理图的要求，从而发现故障部位。

4. 结合原理分析并确定故障范围

故障范围：

_____

_____

_____

温馨提示

在确定故障点以后，无论修复还是更换，对电气维修人员来讲，排除故障比查找故障要简单得多。在电气检修的过程中，应先动脑，后动手，正确分析可起到事半功倍的效果哦！

5.检测确定故障点，并排除故障

故障点：

_____

_____

温馨提示

（1）电工操作至少应由两人进行。

（2）停电时，在刀闸操作手柄上挂"禁止合闸，有人工作"警示牌。

（3）工作时，必须严格按照停电、验电、放电、挂停电牌的安全技术步骤进行操作。

（4）现场工作开始前，应检查安全措施是否符合要求，运行设备及检修设备是否明确分开，严防误操作。

（5）严禁带电作业。

（6）检修时，拆下的各零件要集中摆放，拆各接线前，必须将接线顺序及线号记好，避免出现接线错误。在找出有故障的组件后，应该进一步确定故障的根本原因。例如：当电路中的一只接触器烧坏，单纯地更换一个是不够的，重要的是要查出被烧坏的原因，并采取补救和预防的措施。

（7）检修完毕，经全面检查无误后将隔离刀闸送上，试运转后，将结果汇报组长，并做好检修记录。

6.按7S要求整理工作现场

温馨提示

7S管理能改善和提高企业形象，提高生产效率，减少故障，保障品质，保证企业安全生产，降低生产成本，还能为我们营造"快乐工作，快乐生活"的良好氛围，我们大家一起努力吧！

教学活动五　　任务验收

学习目标

（1）能与教师、同学有效沟通，有团队合作精神，有良好的职业素养；

（2）能正确填写设备报修验收单。

学习场地

车工实训室。

学习时间

2 课时。

教学过程

各小组填写设备报修验收单，见表1-5。

表1-5　金华市技师学院设备报修验收单

报修记录					
报修部门		报修人		报修时间	
报修级别	特急□　急□　一般□		希望完工时间		年　月　日以前
故障设备		设备编号		故障时间	
故障状况					
维修记录					
接单人及时间			预定完工时间		
故障原因					

续表

维修类别		小修□	中修□	大修□	
维修情况					
维修起止时间			工时总计		
耗用材料名称	规格	数量	耗用材料名称	规格	数量
维修人员建议					
验收记录					
验收部门	维修开始时间		完工时间		
	维修结果		验收人：	日期：	
	设备部门		验收人：	日期：	

注：本单一式两份，一联报修部门存根，一联交学校。

教学活动六　总结拓展

学习目标

（1）能正确解读学习任务评价表，公平公正进行自我评价及小组互评；

（2）能与教师、同学有效沟通，有团队合作精神，有良好的职业素养；

（3）能总结学习过程中的经验与教训，指导今后的学习与工作，能撰写工作总结；

（4）能进行知识拓展，检修同类型的普通车床。

学习场地

电工模拟排故室二。

学习时间

2 课时。

教学过程

一、小组展示学习成果

每小组派一名代表讲解本组负责检修车床的故障现象，逻辑分析得出的故障范围，检测结果及故障排除情况，自我评定学习任务评价表中各项成绩，填写表1-6，并说明理由。

二、小组互评学习任务完成情况

为评价表中的每项评分，并说明理由。

三、教师评价

教师根据各小组任务完成情况给出各小组本任务综合成绩。

四、撰写学习总结

各小组总结故障检修经验教训，撰写学习总结。

CD6140型普通车床电气检修学习总结

五、交流机床电气检修心得

小组派代表交流车床故障检修心得，教师讲评本任务完成总体情况及典型案例。

记录典型经验及教训：

经验 1：_____

_____

经验 2：_____

_____

经验 3：_____

_____

教训 1：_____

_____

教训 2：_____

_____

教训 3：_____

_____

六、知识拓展

（1）CD6140 型普通车床电气线路常见故障分析。

①故障现象：主轴电动机 M1 不能启动。

原因分析：

②故障现象：主轴电动机不能停转。

原因分析：

③故障现象：主轴电动机的运转不能自锁。

原因分析：

④故障现象：刀架快速移动电动机不能运转。

原因分析：

（2）学生利用课外时间收集其他型号普通车床电气原理图，分析工作原理。

表1-6　学习任务评价表

班级：＿＿＿＿＿　姓名：＿＿＿＿＿　学号：＿＿＿＿＿　任务名称：＿＿＿＿＿＿

序号	考核内容		考核要求	评分标准	配分	自我评价（10%）	小组互评（40%）	教师评价（50%）
1	职业素养	劳动纪律	按时上下课，遵守实训现场规章制度	上课迟到、早退、不服从指导教师管理，或不遵守实训现场规章制度扣1~5分	5			
		工作态度	认真完成学习任务，主动钻研专业技能	上课学习不认真，不能主动完成学习任务扣1~5分	5			
		职业规范	遵守电工操作规程及规范及现场管理规定	1. 不遵守电工操作规程及规范扣1~10分 2. 不能按规定整理工作现场扣1~5分	10			
2	明确任务		填写工作任务相关内容	工作任务内容填写有错扣1~5分	5			
3	制订计划		计划合理、可操作	计划制订不合理、可操作性差扣1~5分	5			
4	工作准备		掌握完成工作需具备的知识技能	按照回答的准确性及完成程度评分	20			
5	任务实施	调查研究	对每个故障现象进行调查研究	1. 排除故障前不进行调查研究，扣5分 2. 故障调查研究不充分扣3分	5			
		故障分析	在电气控制线路上分析故障可能的原因，思路正确	1. 错标或标不出故障范围，每个故障点扣5分 2. 不能标出最小的故障范围，每个故障点扣3分	10			
		故障排除	正确使用工具和仪表，找出故障点并排除故障	1. 实际排除故障中思路不清楚，每个故障点扣3分 2. 每少查出一个故障点扣5分 3. 每少排除一个故障点扣3分 4. 排除故障方法不正确，每处扣5分	10			
		其他	操作有误，要从此项总分中扣分	1. 排除故障时产生新的故障后不能自行修复，每个扣3分；已经修复，每个扣1分 2. 损坏主要电气元件扣5分	5			
		回答问题	理解原理相关问题，清楚主要元件的作用，控制环节的动作过程及相应控制回路的电流通路	不能正确回答问题，扣1~5分	5			

序号	考核内容	考核要求	评分标准	配分	自我评价（10%）	小组互评（40%）	教师评价（50%）
6	团队合作	小组成员互帮互学，相互协作	团队协作效果差扣 1~5 分	5			
7	创新能力	能独立思考，有分析解决实际问题能力	1. 工作思路、方法有创新，酌情加分 2. 工作总结到位，酌情加分	10			
			合计	100			
			综合成绩				
备注	各子项目评分时不倒扣分		指导教师综合评价	指导教师签名： 年　月　日			

任务二

M7130型平面磨床
电气控制线路及其检修

工作任务单

学习任务描述

　　M7130 型平面磨床是用砂轮磨削加工各种零件平面的通用机床，适用于磨削精密零件及各种工具，并可作镜面磨削。因学校金加工实训室 1#、2#、5#、8#、15#、30# 平面磨床出现故障，现学校派发了维修任务，要求在 2 个工作日内完成检修并交付负责人。任务实施过程中，必须按照电气设备检修要求进行，检修过程中的电工操作应符合《GB 50254—2014 电气装置安装工程低压电器施工及验收规范》。磨床检修完成后，电气控制系统应满足机床原有的机械性能要求，保证机床可靠安全工作，并交付指导教师及磨床管理责任人验收，协作通知单回执联在磨床管理责任人签字后上交学校。

　　维修任务通知单如下：

金华市技师学院维修通知单

存根联：№：

报修部门		报修人员	
维修地点	钳工实训室		
通知时间		应完成时间	
维修（加工）内容	1#、2#、5# 磨床主轴不能启动，8# 车床照明灯不亮，15#、30# 磨床电磁吸盘无效		

金华市技师学院协作通知单

通知联：№：

协作部门	□数控教研组　　☑电气教研组　　□机电教研组　　□模具教研组		
报修部门			
维修地点	钳工实训室	报修人员	
通知时间		应完成时间	
维修（加工）内容	1#、2#、5#、8#、15#、30# 平面磨床出现故障　　　　　　　　　　　　　　　　　　　　　　　　　教研组主任签名：		
备注	1. 教研组及时安排好协作人员 2. 协作人员收到此单后，需按规定时间完成 3. 协作人员工作完毕，认真填好验收单，请使用人员验收签名后交回学校		

学习目标

完成本教学任务后，学生能正确识读 M7130 型平面磨床电气原理图，能按故障检修的方法及步骤分析同难度平面磨床的电气故障原因，确定故障范围，并最终确定故障点及排除故障。

（1）能正确识读 M7130 型平面磨床电气图，包括原理图、电气接线图；

（2）能按照电气设备日常维护保养内容及要求对电动机、常用控制设备进行维护保养；

（3）能根据 M7130 型平面磨床的故障现象及电气原理图分析故障原因，确定故障范围；

（4）能借助仪表及合理的方法检测并确定故障点；

（5）能按照电气故障检修要求及电工操作规范排除故障；

（6）能与教师、同学有效沟通，有团队合作精神，有良好的职业习惯；

（7）能按 7S 要求清理工作现场。

学习时间

14 课时。

工作流程与活动：

教学活动一：明确任务（1 课时）；

教学活动二：制订计划（1 课时）；

教学活动三：工作准备（6 课时）；

教学活动四：任务实施（2 课时）；

教学活动五：任务验收（2 课时）；

教学活动六：总结拓展（2 课时）。

学习地点

电工模拟排故室二，钳工实训室。

学材

《常用机床电气检修》教材，学生学习工作页，电工安全操作规程，《GB 50254—2014 电气装置安装工程低压电器施工及验收规范》。

教学
活动一

明确任务

学习目标

能阅读"M7130 平面磨床维修"工作任务单，明确工时、工作任务等信息，熟悉电气设备维修的一般要求。

学习场地

电工模拟排故室二。

学习时间

1 课时。

教学过程

填写任务要求明细表 2-1。

表2-1　M7130型平面磨床维修任务要求明细表

报修记录						
报修部门		报修人		报修时间		
报修级别	特急□　急□　一般□		希望完工时间		年　　月　　日以前	
故障设备			设备编号			
故障状况						
接单人及时间			预定完工时间			
电气设备检修维护保养的一般要求						

制订计划

学习目标

能进行人员分组，能根据学习任务制订学习计划。

学习场地

电工模拟排故室二。

学习时间

1课时。

教学过程

一、学生分组

在教师指导下，自选组长，由组长与班里同学协商，组成学习小组，确定小组名称及小组各成员的职责，填写小组成员及职责表2-2。

表2-2　小组成员及职责表

小组名：＿＿＿＿＿＿

小组成员	姓名	职责
组长		
安全员		
工具员		
材料员		
组员		
组员		

二、制订工作计划

根据工作任务制定工作计划，并填写 M7130 型平面磨床电气检修工作计划表 2-3。

表2-3　M7130型平面磨床电气检修工作计划表

序号	工作内容	工期	人员安排	地点	备注

教学活动三　工作准备

学习目标

（1）能正确识读 M7130 型平面磨电气图，包括原理图、电气接线图，并正确回答问题；

（2）能根据 M7130 型平面磨床的故障现象及电气原理图分析故障原因，确定故障范围；

（3）清楚元器件的位置及布线走向，掌握 M7130 型平面磨床电气检修方法步骤；

（4）能在教师指导下，对 M7130 型平面磨床进行试车操作；

（5）能与教师、同学有效沟通，有团队合作精神，有良好的职业习惯。

学习场地

电工模拟排故室二。

学习时间

6 课时。

教学过程

学一学

平面磨床的功能是用砂轮磨削加工各种零件的平面。M7130 型平面磨床是平面磨床中使用较普遍的一种机床，该磨床操作方便，磨削精度和表面粗糙度都比较高，适用于磨削精密零件和各种工具。

一、M7130 型平面磨床主要结构及运动形式

M7130 型平面磨床是卧轴矩形工作台式，其外形结构如图 2-1 所示。主要由床身、工作台、电磁吸盘、砂轮架（又称磨头）、滑座和立柱等部分组成。它的主运动是砂轮的快速旋转，辅助运动是工作台的纵向往复运动以及砂轮的横向和垂直进给运动。工作台每完成一次纵向往返运动，砂轮架横向进给一次，从而能连续地加工整个平面。当整个平面磨完一遍后，砂轮架在垂直于工件表面的方向移动一次，称为吃刀运动。通过吃刀运动，可将工件尺寸磨到所需尺寸。

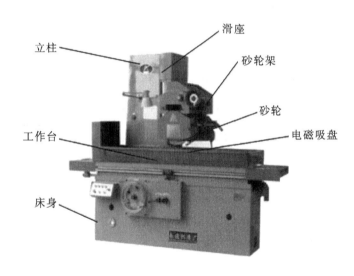

图 2-1　M7130 型平面磨床外形

二、M7130 型平面磨床电气控制特点

（1）砂轮直接装在电动机 M1 的轴上，对工件进行磨削加工。

（2）工作台的往复运动和无级调速由液压传动完成，液压泵电动机 M3 驱动液压泵提供压力油。

（3）砂轮架的横向进给运动可由液压传动自动完成，也可用手轮来操作。

（4）砂轮架可沿立柱导轨垂直上下移动，这一垂直运动是通过操作手轮控制机械传动装置实现的。

（5）砂轮电动机 M1 工作后，冷却泵电动机 M2 可以工作，提供冷却切削液。

（6）为保证加工安全，只有电磁吸盘充磁后，电动机 M1、M2、M3 才允许工作，电

磁吸盘设有充磁和退磁环节。

三、M7130 型平面磨床电路工作原理

M7130 型平面磨床电路如图 2-2 所示，该线路分为主电路、控制电路和照明电路三部分。

1. 主电路分析

M1：砂轮电动机，由 KM1 控制单向运转，FR1 作过载保护。

M2：冷却泵电动机，由 KM1 与线插头控制运转。

M3：液压泵电动机，由 KM2 控制单向运转，FR2 作过载保护。

2. 控制电路分析

1）电磁吸盘电路

电磁吸盘电路包括整流电路、控制电路和保护电路三部分。

整流变压器 T1 将 220V 的交流电压降为 145V，然后经桥式整流器 VC 后输出 110V 直流电压。

QS2 是电磁吸盘 YH 的转换开关（又叫退磁开关），有"吸合""放松"和"退磁"三个位置。

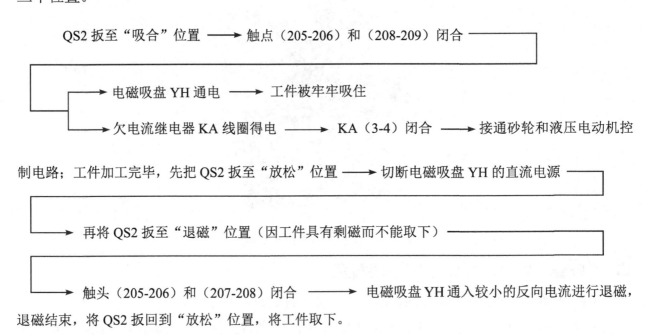

退磁结束，将 QS2 扳回到"放松"位置，将工件取下。

如果有些工件不易退磁时，可将附件退磁器的插头插入插座 XS，使工件在交变磁场的作用下进行退磁。

若将工件夹在工件台上，而不需要电磁吸盘时，则应将电磁吸盘 YH 的 X2 插头从插座上拔下，同时将转换开关 QS2 扳到"退磁"位置，这时接在控制电路中 QS2 的常开触头（6区）闭合，接通电动机的控制电路。

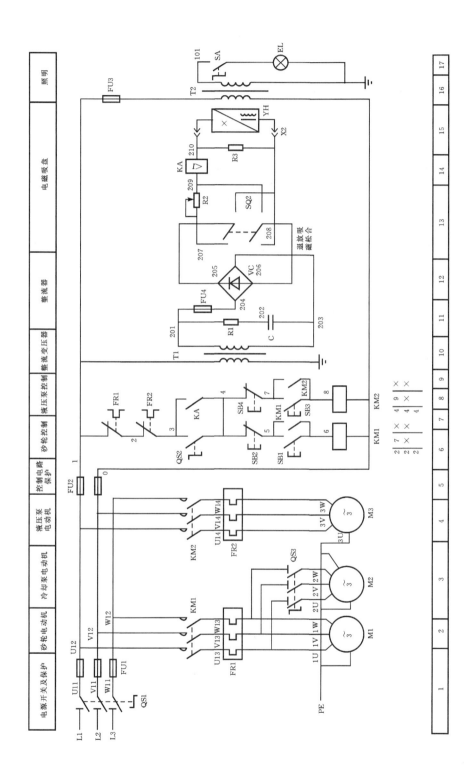

图2-2　M7130型平面磨床电气原理图

电磁吸盘的保护电路由放电电阻 R3 和欠电流继电器 KA 组成。因为电磁吸盘的电感很大，当电磁吸盘从"吸合"状态转变为"放松"状态的瞬间，线圈两端将产生很大的自感电动势，易使线圈或其他电器由于过电压而损坏。电阻 R3 的作用是在电磁吸盘断电瞬间给线圈提供放电通路，吸收线圈释放的磁场能量。欠电流继电器 KA 用以防止电磁吸盘断电时工件脱出发生事故。

电阻 R1 与电容器 C 的作用是防止电磁吸盘回路交流侧的过电压。熔断器 FU4 为电磁吸盘提供短路保护。

2）液压电动机控制

在 QS2 或 KA 的常开触点闭合的情况下，按下 SB3 → KM2 线圈得电，其辅助触点（9 区）闭合自锁→ M3 旋转，如需液压电动机停止，按停止按钮 SB4 即可。

3）砂轮和冷却泵电动机控制

在 QS2 或 KA 的常开触点闭合的情况下，按下 SB1 → KM1 线圈通电，其辅助触点（7 区）闭合自锁→ M1 和 M2 旋转，按下 SB2 按钮，砂轮和冷却泵电动机停止。

3. 照明电路分析

照明变压器 T2 将 380V 的交流电压降为 36V 的安全电压供给照明电路。EL 为照明灯，一端接地，另一端由开关 SA 控制。熔断器 FU3 作照明的短路保护。

动 一 动

现场观摩，熟悉 M7130 型平面磨床。

1. 观摩 M7130 型平面磨床

仔细观察 M7130 型平面磨床的基本操作方法及正常工作状态，记录操作步骤及工作状态：

_____

_____

_____

_____

_____

_____

2. 操作 M7130 型平面磨床

练习 M7130 型平面磨床基本操作，体验 M7130 型平面磨床操作方法。

温 馨 提 示

熟悉 M7130 型平面磨床的结构、运动形式及控制特点，观摩操作的主要内容如下：

（1）M7130 型平面磨床的主要组成部件的识别（工作台、电磁吸盘、砂轮架、滑座

和立柱等）。

（2）在对工件进行磨削加工时，观察平面磨床的砂轮旋转运动、工作台的往复运动、砂轮架横向进给轮架的升降运动、电磁吸盘的控制等，注意观察各种运动的操纵、电动机的运转状态及传动情况。

（3）观察电磁吸盘的工作过程，注意电磁吸盘与电动机 M1、M2、M3 三台电动机之间的联锁。

（4）观察各种元器件的安装位置及其配线走向。

（5）在教师指导下操作 M7130 型平面磨床。

练一练

一、填空题

1. M7130 型平面磨床电气原理图中，R1、C 元件的作用是_____。

2. M7130 型平面磨床的工作台能在_____、_____和_____三个方向快速移动，由液压传动机构驱动实现。

3. M7130 型平面磨床工作台的往复运动是由液压传动完成的，其优点是___，易于实现_____。

4. M7130 型平面磨床的砂轮电动机 M1 和冷却泵电动机 M2 在_____中实现顺序控制。

5. M7130 型平面磨床电磁吸盘的保护电路由____和____组成。

6. M7130 型平面磨床若空载时电磁吸盘电压不正常，大多是因为_____短路或断路造成的。

二、判断题

（　）1. M7130 型平面磨床砂轮架的横向进给运动只能由液压传动。

（　）2. M7130 型平面磨床的砂轮要求有较高的转速，通常采用两极笼型异步电动机驱动。

（　）3. M7130 型平面磨床的工作台采用了液压传动，当工作台前侧的换向挡铁碰撞床身上的液压换向开关时，工作台便自动改变了运动方向，实现了工作台的纵向往复运动。

（　）4. M7130 型平面磨床工作台的往复运动是由 M3 正反转拖动实现的。

（　）5. M7130 型平面磨床不能加工非磁性工件。

（　）6. 在 M7130 型平面磨床电磁吸盘的线圈两端可以直接并联续流二极管释放磁场能量。

（　）7. 在磨削工件的过程中，M7130 型平面磨床的工作台每次换向时，砂轮架就横向进给一次。

（　）8. 电磁吸盘吸力不足是电磁吸盘损坏或整流器输出电压不正常造成的。

三、选择题

1. M7130 型平面磨床的砂轮电动机 M1 和冷却泵电动机 M2 在（　　）中实现顺序控制。

A. 主电路 　　　　　　B. 控制电路 　　　　　　C. 电磁吸盘电路

2. M7130 型平面磨床的砂轮在加工过程中（　　）调速。

A. 需要 　　　　　　　B. 不需要 　　　　　　　C. 根据情况确定是否

3. M7130 型平面磨床电磁吸盘与三台电动机 M1、M2、M3 之间的电气联锁是由（　　）实现的。

A. QS2 　　　　　　　B. KA 　　　　　　　　C. QS2 和 KA 的常开触头

4. M7130 型平面磨床电气控制线路中，插座 XS 的作用是（　　）。

A. 保护电磁吸盘 　　B. 充磁 　　　　　　　　C. 退磁

5. M7130 型平面磨床中电磁吸盘吸力不足，经检查发现整流器空载输出电压正常，而负载时输出电压远低于 110V，由此可以判断电磁吸盘线圈（　　）。

A. 短路 　　　　　　B. 断路 　　　　　　　　C. 无故障

6. M7130 型平面磨床中若电磁吸盘电路中的电阻 R2 开路，则会造成（　　）。

A. 吸盘不能充磁 　　B. 吸盘不能退磁 　　　　C. 吸盘既不能充磁也不能退磁

四、识读 M7130 型平面磨床电气原理图，分析工作原理

1. 请根据原理图电源部分内容回答下列问题。

引导问题 1：主电路采用什么样的供电方式，其电压为多少？

_____

引导问题 2：控制电路采用什么样的供电方式，其电压为多少？

_____

引导问题 3：照明电路采用什么样的供电方式，其电压为多少？

_____

引导问题 4：主电路和辅助电路各供电电路中的控制器件是哪个？

_____

引导问题 5：主电路和辅助电路中各供电电路采用了什么保护措施？保护器件是哪个？

_____

引导问题 6：变压器的作用是什么？请测量一、二次绕组电压与阻值并记录。

绕组名称				
电压值 / V				
阻值 / Ω				

2. 请根据原理图主电路部分内容回答下列问题。

引导问题 1：主电路都使用了哪种电动机？

引导问题 2：冷却泵电动机的作用是什么？

引导问题 3：液压泵电机的作用是什么？

3. 请根据原理图辅助电路部分内容，查阅相关资料回答下列问题。

引导问题 1：砂轮电动机的型号规格是多少？

引导问题 2：冷却泵电动机的型号规格是多少？

引导问题 3：液压泵电动机的型号规格是多少？

引导问题 4：控制电路由哪几个模块组成，其整流模块的工作原理是什么？

引导问题 5：R1 与 C 组成了什么电路，在这里有什么作用？

引导问题 6：主拖动电动机与冷却泵电动机有什么关系？由哪些器件来实现？

引导问题 7：控制电路中除了 R1 与 C 组成的保护电路之外，还有什么保护，工作原理是什么？

引导问题 8：请小组将各成员分析的工作原理进行汇总、讨论，并展示。

五、模拟排故

1. 分析故障现象。

（1）根据教师给出的故障现象，结合原理分析故障现象。

（2）通电试车验证分析结果的正确性，并作记录。

故障点 1：

故障点 2：

_____

_____

2. 模拟排故。

（1）单故障排故（教师每次在排故台上设置 1 个故障，学生进行排故练习，额定工时：15 分钟），并回答以下问题。

故障现象：_____

_____

根据原理分析故障范围：_____

_____

检测结果：_____

_____

故障排除情况：_____

_____

（2）双故障排故（教师每次在排故台上设置 2～3 个故障，学生进行排故练习，额定工时：20 分钟），并回答以下问题。

故障 1：

故障现象：_____

_____

根据原理分析故障范围：_____

_____

检测结果：_____

_____

故障排除情况：_____

_____

故障 2：

故障现象：_____

_____

根据原理分析故障范围：_____

_____

检测结果：_____

_____

故障排除情况：_____

温馨提示

（1）在低压设备上的检修工作，必须事先汇报教师，经教师同意后才可进行。

（2）现场工作开始前，应检查安全措施是否符合要求，运行设备及检修设备是否明确分开，严防误操作。

（3）工作时，必须严格按照停电、验电、放电、挂停电牌的安全技术步骤进行操作。

（4）检修时，拆下的各零件要集中摆放，拆各接线前，必须将接线顺序及线号记好，避免出现接线错误。测量时，一般以自然断点为界，将电路分为上下两部分进行（电路的常开环节就是典型的自然断点）。在检修时如果出现被测线路都正常的情况，此时就应该查找元器件。

（5）严禁带电作业。

（6）检修完毕，经全面检查无误后将隔离刀闸送上，试运转后，将结果汇报教师，并做好检修记录。

教学活动四　任务实施

学习目标

（1）能正确识读 M7130 型平面磨床电气图，包括原理图、电气接线图；

（2）能根据 M7130 型平面磨床的故障现象及电气原理图分析故障原因，确定故障范围；

（3）能正确选择和使用仪器仪表，借助一定的工具、仪器仪表确定故障点，并最终排除电气故障；

（4）能与教师、同学有效沟通，有团队合作精神，有良好的职业习惯；

（5）能按 7S 要求整理工作现场。

学习场地

钳工实训室。

学习时间

2 课时。

教学过程

1. 向 M7130 型平面磨床操作工人询问故障产生情况并记录于表 2-4

表2-4　故障产生情况记录表

购买时间	
使用记录	
以前出现过的故障	
维修情况	
维修时间	
本次故障现象 （与操作人员交流获取）	

2. 直观检查故障情况并作记录

_____

_____

_____

_____

3. 通电试车观察故障现象并作记录

_____

_____

_____

_____

4. 结合原理分析并确定故障范围

故障范围：

_____

_____

_____

_____

5. 检测确定故障点，并排除故障

故障点：

_____

_____

6. 按 7S 要求整理工作现场

任务验收

学习目标

（1）能与教师、同学有效沟通，有团队合作精神，有良好的职业素养；

（2）能正确填写设备报修验收单。

学习场地

钳工实训室。

学习时间

2 课时。

教学过程

各小组填写设备报修验收单，见表 2-5。

表2-5 金华市技师学院设备报修验收单

报修记录					
报修部门		报修人		报修时间	
报修级别	特急□ 急□ 一般□		希望完工时间		年 月 日以前
故障设备		设备编号		故障时间	
故障状况					

续表

维修记录					
接单人及时间			预定完工时间		
故障原因					
维修类别	小修□　　　　中修□　　　　大修□				
维修情况					
维修起止时间			工时总计		
耗用材料名称	规格	数量	耗用材料名称	规格	数量
维修人员建议					
验收记录					
验收部门	维修开始时间		完工时间		
	维修结果			验收人：　　　　日期：	
	设备部门			验收人：　　　　日期：	

注：本单一式两份，一联报修部门存根，一联交学校。

教学活动六　　总结拓展

学习目标

（1）能正确解读学习任务评价表，公平公正进行自我评价及小组互评；

（2）能与教师、同学有效沟通，有团队合作精神，有良好的职业素养；

（3）能总结学习过程中的经验与教训，指导今后的学习与工作，能撰写工作总结；

（4）通过自我学习同类平面磨床的工作原理，拓展机床电气检修能力。

学习场地

电工模拟排故室二。

学习时间

2 课时。

教学过程

一、小组展示学习成果

每小组派一名代表讲解本组负责检修车床的故障现象，逻辑分析得出的故障范围，检测结果及故障排除情况，自我评定学习任务评价表中各项成绩，填写表2-6，并说明理由。

二、小组互评学习任务完成情况

为评价表中的每项评分，并说明理由。

三、教师评价

教师根据各小组任务完成情况给出各小组本任务综合成绩。

四、撰写学习总结

各小组总结故障检修经验教训，撰写学习总结。

M7130型平面磨床电气检修学习总结

五、交流磨床电气检修心·得

小组派代表交流 M7130 型平面磨床故障检修心得，教师讲评本任务完成总体情况及典型案例。

记录典型经验及教训：

经验 1： _____

_____

经验 2： _____

_____

经验 3： _____

_____

教训 1： _____

_____

教训 2： _____

_____

教训 3： _____

_____

六、知识拓展

（1）M7130 型平面磨床电气线路常见故障分析。

①故障现象：三台电动机不能启动。

原因分析：

②故障现象：砂轮电动机的热继电器 FR1 经常脱扣。

原因分析：

③故障现象：电磁吸盘无吸力。

原因分析：

④故障现象：电磁吸盘退磁不充分，使工件取下困难。

原因分析：

⑤故障现象：工作台不能往复运动。

原因分析：

（2）学生利用课外时间收集其他型号磨床电气原理图，分析工作原理。

表2-6 学习任务评价表

班级：_____ 姓名：_____ 学号：_____ 任务名称：_____

序号	考核内容		考核要求	评分标准	配分	自我评价（10%）	小组互评（40%）	教师评价（50%）
1	职业素养	劳动纪律	按时上下课，遵守实训现场规章制度	上课迟到、早退、不服从指导教师管理，或不遵守实训现场规章制度扣1~5分	5			
		工作态度	认真完成学习任务，主动钻研专业技能	上课学习不认真，不能主动完成学习任务扣1~5分	5			
		职业规范	遵守电工操作规程及规范及现场管理规定	1. 不遵守电工操作规程及规范扣1~10分 2. 不能按规定整理工作现场扣1~5分	10			
2	明确任务		填写工作任务相关内容	工作任务内容填写有错扣1~5分	5			
3	制订计划		计划合理、可操作	计划制订不合理、可操作性差扣1~5分	5			
4	工作准备		掌握完成工作需具备的知识技能	按照回答的准确性及完成程度评分	20			
5	任务实施	调查研究	对每个故障现象进行调查研究	1. 排除故障前不进行调查研究，扣5分 2. 故障调查研究不充分扣3分	5			
		故障分析	在电气控制线路上分析故障可能的原因，思路正确	1. 错标或标不出故障范围，每个故障点扣5分 2. 不能标出最小的故障范围，每个故障点扣3分	10			
		故障排除	正确使用工具和仪表，找出故障点并排除故障	1. 实际排除故障中思路不清楚，每个故障点扣3分 2. 每少查出一个故障点扣5分 3. 每少排除一个故障点扣3分 4. 排除故障方法不正确，每处扣5分	10			
		其他	操作有误，要从此项总分中扣分	1. 排除故障时产生新的故障后不能自行修复，每个扣3分；已经修复，每个扣1分 2. 损坏主要电气元件扣5分	5			
		回答问题	理解原理相关问题，清楚主要元件的作用，控制环节的动作过程及相应控制回路的电流通路	不能正确回答问题，扣1~5分	5			

续表

序号	考核内容	考核要求	评分标准	配分	自我评价（10%）	小组互评（40%）	教师评价（50%）
6	团队合作	小组成员互帮互学，相互协作	团队协作效果差扣 1~5 分	5			
7	创新能力	能独立思考，有分析解决实际问题能力	1. 工作思路、方法有创新，酌情加分 2. 工作总结到位，酌情加分	10			
备注	各子项目评分时不倒扣分		合计	100			
			综合成绩				
		指导教师综合评价	指导教师签名： 年　月　日				

任务三

Z3050型摇臂钻床电气
控制线路及其检修

工作任务单

学习任务描述

　　机械加工过程中经常需要加工各种各样的孔，钻床就是一种用途广泛的孔加工机床。Z3050 型摇臂钻床是钻床的一个分支，适用于在中、大型金属零件上钻孔、扩孔、铰孔、锪平面、镗孔及攻螺纹。现学校金加工实训室 1#、2#、3#、5#、8#、30# 摇臂钻床出现故障，学校派发了维修任务，要求在 2 个工作日内完成并交付负责人。任务实施过程中，必须按照电气设备检修要求进行，检修过程中的电工操作应符合《GB 50254—2014 电气装置安装工程低压电器施工及验收规范》。钻床检修完成后，电气控制系统应满足机床原有的机械性能要求，保证钻床可靠安全工作，并交付指导教师及钻床管理责任人验收，协作通知单回执联在钻床管理责任人签字后上交学校。

　　维修任务通知单如下：

金华市技师学院维修通知单

存根联：　№：

报修部门	机电教研组	报修人员	
维修地点	钳工实训室		
通知时间		应完成时间	
维修（加工）内容	1# 摇臂不能正常上升，3# 钻床照明灯无法正常工作，2#、8#、30# 钻床立柱的夹紧放松不正常，5# 钻床主轴电机无法正常工作		

金华市技师学院实训处协作通知单

通知联：　№：

协作部门	□数控教研组　☑电气教研组　□机电教研组　□模具教研组		
报修部门	数控技术教研组		
维修地点	钳工实训室	报修人员	
通知时间		应完成时间	
维修（加工）内容	1#、2#、3#、5#、8#、30# 摇臂钻床出现故障 　　　　　　　　　　　　　　　　　　　　教研组主任签名：		

续表

备注	1. 教研组及时安排好协作人员 2. 协作人员收到此单后，需按规定时间完成 3. 协作人员工作完毕，认真填好验收单，请使用人员验收签名后交回学校

学习目标

完成本教学任务后，学生能正确识读 Z3050 型摇臂钻床电气原理图，能按故障检修的一般方法步骤分析同难度摇臂钻床的电气故障原因，确定故障范围，并最终确定故障点及排除故障。

（1）能正确识读 Z3050 型摇臂钻床电气图，包括原理图、电气接线图；

（2）能按电气设备日常维护保养内容及要求对电动机、常用控制设备进行维护保养；

（3）能根据摇臂钻床的故障现象及电气原理图分析故障原因，确定故障范围；

（4）能借助仪表及合理的方法检测并确定故障点；

（5）能按电气故障检修要求及电工操作规范排除故障；

（6）能与教师、同学有效沟通，有团队合作精神，有良好的职业习惯；

（7）能按 7S 要求清理工作现场。

学习时间

14 课时。

工作流程与活动：

教学活动一：明确任务（1 课时）；

教学活动二：制订计划（1 课时）；

教学活动三：工作准备（6 课时）；

教学活动四：任务实施（2 课时）；

教学活动五：任务验收（2 课时）；

教学活动六：总结拓展（2 课时）。

学习地点

电工模拟排故室二，钳工实训室。

学材

《常用机床电气检修》教材，学生学习工作页，电工安全操作规程，《GB 50254—2014 电气装置安装工程低压电器施工及验收规范》。

明确任务

学习目标

能阅读"Z3050 型摇臂钻床维修"工作任务单，明确工时、工作任务等信息，熟悉电气设备维修的一般要求。

学习场地

电工模拟排故室二。

学习时间

1 课时。

教学过程

填写任务要求明细表 3-1。

表 3-1　Z3050 型摇臂钻床维修任务要求明细表

报修记录					
报修部门		报修人		报修时间	
报修级别	特急□　急□　一般□		希望完工时间		年　　月　　日以前
故障设备			设备编号		
故障状况					
接单人及时间			预定完工时间		
电气设备检修维护保养的一般要求					

教学活动二　制订计划

学习目标

能进行人员分组，能根据学习任务制订工作计划。

学习场地

电工模拟排故室二。

学习时间

1 课时。

教学过程

一、学生分组

在教师指导下，自选组长，由组长与班里同学协商，组成学习小组，确定小组名称及小组各成员的职责，填写小组成员及职责表 3-2。

表3-2　小组成员及职责表

小组名：_____

小组成员	姓名	职责
组长		
安全员		
工具员		
材料员		
组员		
组员		

二、制订工作计划

根据工作任务制订工作计划，并填写 Z3050 型摇臂钻床电气检修工作计划表 3-3。

表3-3　Z3050型摇臂钻床电气检修工作计划表

序号	工作内容	工期	人员安排	地点	备注

教学活动三　工作准备

学习目标

（1）能正确识读 Z3050 型摇臂钻床电气图，包括原理图、电气接线图；

（2）能根据 Z3050 型摇臂钻床的故障现象及电气原理图分析故障原因，确定故障范围；

（3）清楚元器件的位置及布线走向，初步掌握 Z3050 型摇臂钻床电气检修方法、步骤；

（4）能与教师、同学有效沟通，有团队合作精神，有良好的职业习惯。

学习场地

电工模拟排故室二。

学习时间

6 课时。

　　钻床是一种孔加工设备，可以用来进行钻孔、扩孔、铰孔、攻丝及修刮端面等多种形式的加工。按用途和结构分类，钻床可以分为立式钻床、台式钻床、多孔钻床、摇臂钻床及其他专用钻床等。在各类钻床中，摇臂钻床操作方便、灵活，适用范围广，具有典型性，特别适用于单件或批量生产带有多孔的大型零件的孔加工，是一般机械加工车间常见的机床。

一、Z3050 型摇臂钻床的主要结构及运动形式

1. 主要结构

　　摇臂钻床主要由底座、内立柱、外立柱、升降电动机、摇臂、主轴箱、主轴电动机、工作台等组成，其外形结构见图 3-1。

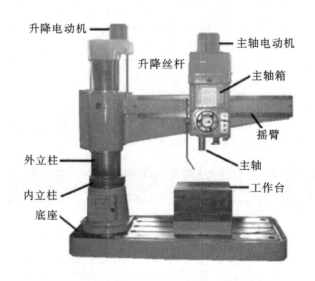

图 3-1　Z3050 型摇臂钻床外形结构图

　　摇臂钻床主轴箱可在摇臂上移动，并随摇臂绕立柱回转。摇臂还可沿立柱上下移动，以适应加工不同高度的工件。较小的工件可安装在工作台上，较大的工件可直接放在机床底座或地面上。

　　内立柱固定在底座的一端，在其外面套有外立柱，外立柱可绕内立柱回转360°。摇臂的一端为套筒，它套装在外立柱做上下移动。由于丝杆与外立柱连成一体，而升降螺母固定在摇臂上，因此摇臂不能绕外立柱转动，只能与外立柱一起绕内立柱回转。内外主轴的夹紧与放松、主轴与摇臂的夹紧与放松用电气—机械装置控制方法严格按照摇臂松开→移动→摇臂夹紧的程序进行。主轴箱是一个复合部件，由主传动电动机、主轴和主轴传动机构、进给和变速机构、机床的操作机构等部分组成。主轴箱安装在摇臂的水平导轨上，可以通过手轮操作，使其在水平导轨上沿摇臂移动。

2. 运动形式

当进行加工时，由特殊的夹紧装置将主轴箱紧固在摇臂导轨上，而外立柱紧固在内立柱上，摇臂紧固在外立柱上，然后进行钻削加工。钻削加工时，钻头一边进行旋转切削，一边进行纵向进给，其运动形式为：

（1）摇臂钻床的主运动为主轴的旋转运动。

（2）进给运动为主轴的纵向进给。

（3）辅助运动有：摇臂沿外立柱垂直移动，主轴箱沿摇臂的水平移动，摇臂与外立柱一起绕内立柱的回转运动，摇臂及主轴箱的夹紧与放松。

3. 控制要求

（1）摇臂钻床的运动部件较多，采用四台电动机拖动，它们分别为 M1 主轴电动机、M2 摇臂升降电动机、M3 液压泵电动机、M4 冷却泵电动机，四台电动机均为小功率电动机，都采用直接起动的控制方式，各种工作状态都通过按钮操作。

（2）摇臂钻床的主轴运动和进给运动，即主轴旋转和纵向进给皆为主轴电动机拖动，并要求主轴正反转控制、主轴变速和进给控制，这些均由机械系统完成。

（3）摇臂升降由升降电动机拖动，采用继电器控制电动机的正反转，并严格按松开→移动→夹紧这一自动程序运行。

（4）液压泵由液压泵电动机拖动，采用继电器控制其正反转，利用液压泵的正反转送出不同流向的压力油，实现主轴箱、内外立柱和摇臂的夹紧、放松。

（5）冷却泵电动机拖动冷却泵单向运行，冷却液循环系统对钻头和工件实现冷却。

（6）为能使摇臂钻床安全可靠的运行，在电气和机械系统中采用了多种保护和联锁环节，信号指示装置实现控制和运行方式指示，局部照明采用 36 V 安全电压。

二、电气控制线路分析

Z3050 型摇臂钻床电气原理图如图 3-2 所示，该线路分为主电路、控制电路和辅助电路 3 部分。

1. 主电路分析

电源配电盘装在立柱前下部，组合开关 QS 作为电源引入开关，熔断器 FU1 为主电路的短路保护元件。

M1 是主轴电动机，由交流接触器 KM1 控制，只要求单方向旋转，主轴的正反转由机械手柄操作，通过摩擦离合器来实现。M1 装在主轴箱顶部，带动主轴及进给传动系统，热继电器 FR1 是过载保护元件。

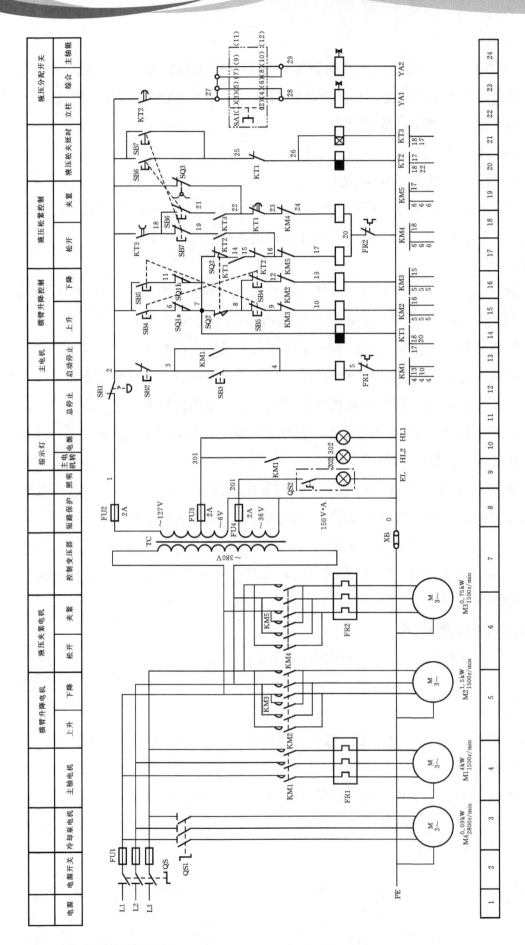

图 3-2 Z3050 型摇臂钻床电气原理图

M2 是摇臂升降电动机，装于立柱顶部，用接触器 KM2 和 KM3 控制正反转。因为该电动机短时间工作，故不设过载保护元件。

M3 是液压油泵电动机，可以做正向转动和反向转动。正反转切换由接触器 KM4 和 KM5 控制。热继电器 FR2 是液压油泵电动机的过载保护元件。该电动机的主要作用是供给夹紧装置压力油，实现摇臂和立柱的夹紧和松开。

M4 是冷却泵电动机，功率很小，由组合开关 QS1 直接启动和停止。

Z3050 型摇臂钻床除冷却泵电动机 M4、电源开关 QS、QS1 及 FU1、QS2、SA1 是安装在固定部分外，其他电气设备均安装在回转部分上。由于摇臂钻床主柱顶上没有集电环，故在使用时，不要总是沿着一个方向连续转动摇臂，以免把穿入内立柱的电源线拧断。

2. 控制电路分析

控制、照明和指示电路均由控制变压器 TC 降压后供电，电压分别为 127 V、6 V、36 V。熔断器 FU2 作为控制电路的短路保护元件，SB1 是急停开关，在发生故障时可以紧急停止。

1）主轴电动机旋转

按启动按钮 SB3，交流接触器 KM1 吸合并自锁，主轴电动机 M1 旋转；按停止按钮 SB2，交流接触器 KM1 释放，主轴电动机 M1 停止旋转。

为了防止主电动机长时间过载运行，电路中设置热继电器 FR1，其整定值应根据主轴电动机 M1 的额定电流进行调整。

2）摇臂升降

正常情况下，SQ3 常闭触头（19 区）断开。按上升（或下降）按钮 SB4（SB5），时间继电器 KT1 线圈得电吸合，其瞬动常开触头（17 区）闭合，瞬动常闭触头（20 区）断开，通电瞬时断开断电延时闭合触头（18 区），使交流接触器 KM4 得电吸合，液压泵电动机 M3 正向旋转，压力油经分配阀进入摇臂松开油腔，推动活塞和菱形块使摇臂松开，SQ3（19 区）恢复闭合。同时活塞杆通过弹簧片压限位开关 SQ2，SQ2 常闭触头（17 区）断开，使交流接触器 KM4 失电释放，液压泵电动机停止运行。SQ2 常开触头（15 区）闭合，交流接触器 KM2（或 KM3）得电吸合，升降电动机 M2 旋转，带动摇臂上升（或下降）。如果摇臂没有松开，限位开关 SQ2 常开触点不能闭合，交流接触器 KM2（或 KM3）就不能得电吸合，摇臂不能升降。当摇臂上升（或下降）到所需的位置时，松开按钮 SB4（或 SB5），交流接触器 KM2（或 KM3）和时间继电器 KT1 失电释放，升降电动机 M2 停止旋转，摇臂停止上升（或下降）。

由于时间继电器 KT1 失电释放，经 1～3.5 s 延时后，其延时闭合的常闭触点（18 区）闭合，交流接触器 KM5 得电吸合，液压泵电动机 M3 反向旋转，供给压力油，压力油经分配阀进入摇臂夹紧油腔，使摇臂夹紧。同时活塞杆通过弹簧片压限位开关 SQ3 使其断开，从而使交流接触器 KM5 失电释放，液压电动机 M3 停止旋转，自动完成夹紧控制。

行程开关 SQ1a、SQ1b 用来限制摇臂的升降行程，当摇臂升降到极限位置时，SQ1a（或 SQ1b）动作，交流接触器 KM2（或 KM3）断电，升降电动机 M2 停止旋转，摇臂停止升降。

摇臂的自动夹紧是由限位开关 SQ3 来控制的，如果液压夹紧系统出现故障，不能自动夹紧摇臂或者由于 SQ3 调整不当，在摇臂增值夹紧后不能使 SQ3 的常闭触点断开，都会使液压泵电动机处于长时间过载运行状态，造成损坏。为了防止损坏液压泵电动机，电路中使用了热继电器 FR2，其整定值应根据液压泵电动机 M3 的额定电流进行调整。

3）立柱和主轴箱的松开或夹紧

立柱和主轴箱的松开或夹紧是否同时进行由 SA1 控制：SA1 旋到左边，立柱单独进行松紧控制；SA1 旋到右边，主轴箱单独进行松紧控制；SA1 旋在中间位置，立柱和主轴箱同时进行松紧控制。按住松开（或夹紧）按钮 SB6（或 SB7），时间继电器 KT2、KT3 线圈得电吸合，KT2（22 区）立即闭合，接通 YA1（YA2），KT2（17 区）立即断开，KT2（18 区）立即闭合，KT3（18 区）立即闭合，KT3（17 区）经过 1 ~ 3.5s 延时后闭合，接通交流接触器 KM4（或 KM5），液压泵电动机 M3 正转（或反转）供给压力油。压力油经分配阀进入立柱（主轴箱）松开（或夹紧）油腔，推动活塞和菱形块使立柱（主轴箱）松开（或夹紧）。放开松开（或夹紧）按钮 SB6（或 SB7），时间继电器 KT2、KT3 线圈失电，KT3（17 区）立即断开，切断 KM4（或 KM5），KT2（22 区）经过 1 ~ 3.5s 延时后断开，切断 YA1（YA2）。

4）冷却泵的启动和停止

合上或断开组合开关 QS1，就可接通或切断电源，实现冷却泵电动机 M4 的启动和停止。

3. 局部照明与信号指示电路

熔断器 FU4 给照明灯 EL 提供短路保护，其开与关由 QS2 控制；HL1 为电源指示，HL2 为主轴运行指示，熔断器 FU3 提供短路保护。

4. 联锁保护环节

（1）摇臂松开、夹紧和上升、下降以及主轴箱立柱间延时松开、夹紧都采用按钮接触器双重联锁的点动控制。

（2）使用夹紧限位 SQ3 和 SQ2 来保证摇臂移动时先松开，再移动，后夹紧的运行顺序。

（3）使用 KT1 断电延时控制，是为了保护升降电动机 M2 完全停转后才实施自动夹紧运行，以避免电动机过载运行和减少机械磨损。

（4）SQ1a 和 SQ1b 为摇臂上升、下降的极限位置设置保护。

（5）主轴箱与立柱延时松开、夹紧，时间继电器 KT2、KT3 保证电磁阀 YA 先动作，M3 后运行，M3 先停止，电磁阀后失电，避免液压泵电动机过载运行。

动一动

现场观摩，熟悉 Z3050 型摇臂钻床。

1. 观摩 Z3050 型摇臂钻床

仔细观察 Z3050 型摇臂钻床的基本操作方法及正常工作状态，记录操作步骤及工作状态：

_____

_____

_____

_____

_____

2. 操作 Z3050 型摇臂钻床

练习 Z3050 型摇臂钻床基本操作，体验 Z3050 型摇臂钻床操作方法。

温馨提示

熟悉 Z3050 型摇臂钻床的结构、运动形式及控制特点，熟悉电气控制元件在钻床中的位置，观摩操作的主要内容如下：

（1）摇臂钻床的主要组成部件的识别（底座、内立柱、外立柱、摇臂、主轴箱、工作台、各电动机的位置、限位开关等部分）。

（2）在对工件进行加工时，观察钻床的主轴旋转运动，进给运动为主轴的纵向进给，辅助运动有：摇臂沿外立柱垂直移动，主轴箱沿摇臂长度方向的移动，摇臂与外立柱一起绕内立柱的回转运动，注意观察各种运动的操作、电动机的运转状态及传动情况。

（3）观察摇臂升降的动作过程，明确其联锁。

（4）立柱和主轴箱的松开或夹紧的动作过程。

（5）观察各种元器件的安装位置及其配线走向。

（6）在教师指导下操作 Z3050 型摇臂钻床。

练一练

一、填空题

1. Z3050 型摇臂钻床电气控制线路中，摇臂松开到位时____被压合，摇臂夹紧到位时位置开关 SQ3 断开。

2. Z3050 型摇臂钻床电气控制线路中，控制电路的额定电压是_____V。

3. 在 Z3050 型摇臂钻床电气控制线路中，摇臂上升限位保护的元件是_____。

4. 在 Z3050 型摇臂钻床电气控制线路中，冷却泵电动机的启停由____实现。

5. Z3050 型摇臂钻床主要由底座、内立柱、外立柱、_____、_____等部分组成。

6. Z3050 型摇臂钻床主轴带动钻头的旋转运动是_____，钻头的上下运动是____，主轴箱沿摇臂水平运动、摇臂沿外立柱上下移动以及摇臂连同外立柱一起相对于内立柱的回转运动是_____。

7. Z3050 型摇臂钻床在进行钻削加工时，先将主轴箱夹紧在_____，摇臂夹紧在_____，外立柱紧固在_____。

8. Z3050 型摇臂钻床的外立柱绕内立柱的转动靠_____。

二、判断题

（　）1. Z3050 型摇臂钻床电气控制线路中的 KT2 是断电延时继电器。

（　）2. Z3050 型摇臂钻床电气控制线路中的 SB1 是急停按钮。

（　）3. Z3050 型摇臂钻床电气控制线路中，KM1 是主轴控制接触器。

（　）4. Z3050 型摇臂钻床电气控制线路中，摇臂升降采用点动控制。

（　）5. Z3050 型摇臂钻床，按下 SB4 摇臂立即上升。

（　）6. Z3050 型摇臂钻床，立柱夹紧时先接通油路再启动油泵。

（　）7. Z3050 型摇臂钻床的摇臂可绕外立柱回转。

（　）8. Z3050 型摇臂钻床在使用时不允许沿一个方向连续转动摇臂。

（　）9. Z3050 型摇臂钻床中内、外立柱的夹紧与松开控制是半自动控制。

（　）10. Z3050 型摇臂钻床中实现摇臂升降限位保护的元件是行程开关 SQ1 和 SQ2。

（　）11. Z3050 型摇臂钻床的摇臂及立柱的松开和夹紧都是由液压泵电动机 M3 拖动液压装置完成的。

（　）12. 如果 Z3050 型摇臂钻床的立柱、主轴箱不能夹紧与放松，经检查无电气方面的故障，则判断可能出现了油路堵塞故障。

三、选择题

1. Z3050 型摇臂钻床电气控制线路中，电源指示灯是（　）。

A. HL1　　　　　　　　　B. HL2　　　　　　　　　C. EL

2. Z3050 型摇臂钻床电气控制线路中，SQ1a 的作用是（　）。

A. 摇臂上升限位　　　　　B. 摇臂下降限位　　　　　C. 摇臂夹紧限位

3. Z3050 型摇臂钻床电气控制线路中，指示灯 HL2 的功能是（　）。

A. 电源指示　　　　　　　B. 主轴工作指示　　　　　C. 摇臂夹紧指示

4. Z3050 型摇臂钻床电气控制线路中，SA1 的功能是（　）。

A. 液压分配开关　　　　　B. 照明灯开关　　　　　　C. 摇臂松紧选择

5. Z3050 型摇臂钻床电气控制线路中，通电延时继电器是（　）。

A. KT1　　　　　　　　　B. KT2　　　　　　　　　C. KT3

6. Z3050 型摇臂钻床的主轴（　　）。

A. 只能单向选择　　　　　B. 由机械控制实现正反转　　　C. 由电动机 M1 控制实现正反转

7. Z3050 型摇臂钻床上四台电动机的短路保护均由（　　）实现。

A. 熔断器　　　　　　　　B. 过电流继电器　　　　　　　C. 低压断路器

8. Z3050 型摇臂钻床的外立柱可绕不动的内立柱回转（　　）。

A. 90°　　　　　　　　　B. 180°　　　　　　　　　　　C. 360°

9. Z3050 型摇臂钻床的主轴箱在摇臂上的移动靠（　　）。

A. 人力推动　　　　　　　B. 电动机驱动　　　　　　　　C. 液压驱动

10. Z3050 型摇臂钻床大修后，若将摇臂升降电动机的三相电源相序接反了，则会出现（　　）。

A. 电动机不能启动　　　　　　B. 上升和下降方向颠倒　　　C. 电动机不能停止

四、电气原理图识读，工作原理分析

1. 请根据原理图电源部分内容回答下列问题。

引导问题 1：主电路采用什么样的供电方式，其电压为多少？

_____

引导问题 2：控制电路采用什么样的供电方式，其电压为多少？

_____

引导问题 3：照明电路和指示电路各采用什么样的供电方式，其电压各为多少？

_____

引导问题 4：主电路和辅助电路各供电电路中的控制器件是哪个？

_____

引导问题 5：主电路和辅助电路中各供电电路采用了什么保护措施？保护器件是哪个？

_____

引导问题 6：变压器的作用是什么？请测量一、二次绕组电压与阻值并记录。

绕组名称			
电压值 /V			
阻值 /Ω			

2. 请根据原理图主电路部分内容回答下列问题。

引导问题 1：主电路都使用了哪种电动机？

_____

引导问题 2：冷却泵电动机的作用是什么？

_____

引导问题 3：液压泵电机的作用是什么？

引导问题 4：Z3050 型摇臂钻床的主要运动形式有哪些？

3. 请根据原理图控制电路部分内容，查阅相关资料回答下列问题。

引导问题 1：主轴电动机的型号规格是多少？

引导问题 2：冷却泵电动机的型号规格是多少？

引导问题 3：摇臂升降电动机的型号规格是多少？

引导问题 4：液压夹紧电动机的型号规格是多少？

引导问题 5：分析时间继电器 KT1、KT2、KT3 的作用？

引导问题 6：描述 Z3050 型摇臂钻床的夹紧放松过程。

引导问题 7：组合开关 SQ1a 和 SQ1b 作为摇臂升降的位置控制，若两者的安装位置对换，可能产生什么后果？

引导问题 8：请小组将各成员分析的工作原理进行汇总、讨论，并展示。

五、模拟排故

1. 分析故障现象（教师假设故障点，学生根据原理分析故障现象）。

（1）根据教师给出的故障现象，结合原理分析故障现象。

（2）通电试车验证分析结果的正确性，并作记录。

故障点 1：

故障点 2:

_____

_____

2. 模拟排故。

（1）单故障排故（教师每次在排故台上设置 1 个故障，学生排故练习，额定工时：15 分钟），并回答以下问题。

故障现象: _____

_____

根据原理分析故障范围: _____

_____

检测结果: _____

_____

故障排除情况: _____

_____

（2）双故障排故（教师每次在排故台上设置 2 ～ 3 个故障，学生排故练习，额定工时：20 分钟），并回答以下问题。

故障 1:

故障现象: _____

_____

根据原理分析故障范围: _____

_____

检测结果: _____

_____

故障排除情况: _____

_____

故障 2:

故障现象: _____

_____

根据原理分析故障范围: _____

_____

检测结果: _____

_____

故障排除情况: _____

温馨提示

（1）在低压设备上的检修工作，必须事先汇报教师，经教师同意后才可进行。

（2）现场工作开始前，应检查安全措施是否符合要求，运行设备及检修设备是否明确分开，严防误操作。

（3）工作时，必须严格按照停电、验电、放电、挂停电牌的安全技术步骤进行操作。

（4）检修时，拆下的各零件要集中摆放，拆各接线前，必须将接线顺序及线号记好，避免出现接线错误。测量时，一般以自然断点为界，将电路分为上下两部分进行（电路的常开环节就是典型的自然断点）。在检修时如果出现被测线路都正常的情况，此时就应该查找元器件。

（5）严禁带电作业。

（6）检修完毕，经全面检查无误后将隔离刀闸送上，试运转后，将结果汇报教师，并做好检修记录。

教学活动四　任务实施

学习目标

（1）能正确识读 Z3050 型摇臂钻床电气图，包括原理图、电气接线图；

（2）能根据 Z3050 型摇臂钻床的故障现象及电气原理图分析故障原因，确定故障范围；

（3）能正确选择和使用仪器仪表，借助一定的工具、仪器仪表确定故障点，并最终排除电气故障；

（4）能与教师、同学有效沟通，有团队合作精神，有良好的职业习惯；

（5）能按 7S 要求整理工作现场。

学习场地

钳工实训室。

学习时间

2 课时。

教学过程

1. 向 Z3050 型摇臂钻床操作工人询问故障产生情况并记录于表 3-4

表3-4　故障产生情况记录表

购买时间	
使用记录	
以前出现过的故障	
维修情况	
维修时间	
本次故障现象 （与操作人员交流获取）	

2. 直观检查故障情况，并作记录

_____

_____

_____

_____

3. 通电试车观察故障现象，并作记录

_____

_____

_____

_____

4. 结合原理分析并确定故障范围

故障范围：

_____

_____

_____

5. 检测确定故障点，并排除故障

故障点：

_____

6. 按 7S 要求整理工作现场

教学活动五　　任务验收

学习目标

（1）能与教师、同学有效沟通，有团队合作精神，有良好的职业素养；

（2）能正确填写设备报修验收单。

学习场地

钳工实训室。

学习时间

2 课时。

教学过程

各小组填写设备报修验收单，见表 3-5。

表3-5　金华市高级技工学设备报修验收单

报修记录					
报修部门		报修人		报修时间	
报修级别	特急□　急□　一般□		希望完工时间		年　月　日以前
故障设备		设备编号		故障时间	
故障状况					
维修记录					
接单人及时间			预定完工时间		

续表

故障原因					
维修类别	小修□		中修□	大修□	
维修情况					
维修起止时间			工时总计		
耗用材料名称	规格	数量	耗用材料名称	规格	数量
维修人员建议					

验收记录				
验收部门	维修开始时间		完工时间	
	维修结果		验收人：	日期：
	设备部门		验收人：	日期：

注：本单一式两份，一联报修部门存根，一联交学校。

总结拓展
教学活动六

学习目标

（1）能正确解读学习任务评价表，公平公正进行自我评价及小组互评；

（2）能与教师、同学有效沟通，有团队合作精神，有良好的职业素养；

（3）能总结学习过程中的经验与教训，指导今后的学习与工作，能撰写工作总结；

（4）能进行知识拓展，检修同类型的钻床。

学习场地

电工模拟排故室二。

学习时间

2 课时。

教学过程

一、小组展示学习成果

每小组派一名代表讲解本组负责检修车床的故障现象，逻辑分析得出的故障范围，检测结果及故障排除情况，自我评定学习任务评价表中各项成绩，填写表3-6，并说明理由。

二、小组互评学习任务完成情况

为评价表中的每项评分，并说明理由。

三、教师评价

教师根据各小组任务完成情况给出各小组本任务综合成绩。

四、撰写学习总结

各小组总结故障检修经验教训，撰写学习总结。

Z3050型摇臂钻床电气检修学习总结

五、交流摇臂钻床电气检修心得

小组派代表交流摇臂钻床故障检修心得，教师讲评本任务完成总体情况及典型案例。

记录典型经验及教训：

经验 1：_____

_____

经验 2：_____

_____

经验 3：_____

_____

教训 1：_____

_____

教训 2：_____

_____

教训 3：_____

_____

六、知识拓展

（1）Z3050 型摇臂钻床电气线路常见故障分析与练习。

①故障现象：主轴电动机不能启动。

原因分析：

故障复位：

处理方法：

②故障现象：摇臂钻床电动机在工作中过载。

原因分析：

故障复位：

处理方法：

③故障现象：摇臂不能上升。
原因分析：

故障复位：

处理方法：

④故障现象：摇臂不能下降。
原因分析：

故障复位：

处理方法：

⑤故障现象：摇臂不能夹紧。
原因分析：

故障复位：

处理方法：

⑥所有电动机都不能启动。

原因分析：

故障复位：

处理方法：

⑦立柱主轴箱不能放松或夹紧。

原因分析：

故障复位：

处理方法：

⑧液压泵电动机 M3 运转正常，但摇臂夹不紧。

原因分析：

故障复位：

处理方法：

⑨摇臂不能放松。

原因分析：

故障复位：

处理方法：

（2）如果 Z3050 型摇臂钻床的立柱、主轴箱不能夹紧与放松，经查找无电气方面的故障，可判断为什么类型故障？应当与哪些部门协调？

（3）Z3050 型摇臂钻床的摇臂与外立柱一起相对内立柱能作 360° 回转，在使用时，能沿着一个方向连续转动吗？为什么？

（4）学生利用课外时间收集其他型号钻床电气原理图，分析工作原理。

表3-6 学习任务评价表

班级：_____ 姓名：_____ 学号：_____ 任务名称：_____

序号	考核内容		考核要求	评分标准	配分	自我评价（10%）	小组互评（40%）	教师评价（50%）
1	职业素养	劳动纪律	按时上下课，遵守实训现场规章制度	上课迟到、早退、不服从指导教师管理，或不遵守实训现场规章制度扣1~5分	5			
		工作态度	认真完成学习任务，主动钻研专业技能	上课学习不认真，不能主动完成学习任务扣1~5分	5			
		职业规范	遵守电工操作规程及规范及现场管理规定	1. 不遵守电工操作规程及规范扣1~10分 2. 不能按规定整理工作现场扣1~5分	10			
2	明确任务		填写工作任务相关内容	工作任务内容填写有错扣1~5分	5			
3	制订计划		计划合理、可操作	计划制订不合理、可操作性差扣1~5分	5			
4	工作准备		掌握完成工作需具备的知识技能	按照回答的准确性及完成程度评分	20			
5	任务实施	调查研究	对每个故障现象进行调查研究	1. 排除故障前不进行调查研究，扣5分 2. 故障调查研究不充分扣3分	5			
		故障分析	在电气控制线路上分析故障可能的原因，思路正确	1. 错标或标不出故障范围，每个故障点扣5分 2. 不能标出最小的故障范围，每个故障点扣3分	10			
		故障排除	正确使用工具和仪表，找出故障点并排除故障	1. 实际排除故障中思路不清楚，每个故障点扣3分 2. 每少查出一个故障点扣5分 3. 每少排除一个故障点扣3分 4. 排除故障方法不正确，每处扣5分	10			
		其他	操作有误，要从此项总分中扣分	1. 排除故障时产生新的故障后不能自行修复，每个扣3分；已经修复，每个扣1分 2. 损坏主要电气元件扣5分	5			
		回答问题	理解原理相关问题，清楚主要元件的作用，控制环节的动作过程及相应控制回路的电流通路	不能正确回答问题，扣1~5分	5			

续表

序号	考核内容	考核要求	评分标准	配分	自我评价（10%）	小组互评（40%）	教师评价（50%）
6	团队合作	小组成员互帮互学，相互协作	团队协作效果差扣1~5分	5			
7	创新能力	能独立思考，有分析解决实际问题能力	1. 工作思路、方法有创新，酌情加分 2. 工作总结到位，酌情加分	10			
			合计	100			
			综合成绩				
备注	各子项目评分时不倒扣分	指导教师综合评价	指导教师签名： 年　月　日				

T68型卧式镗床电气控制线路及其检修

工作任务单

学习任务描述

　　T68 型镗床是一种多用途金属加工机床，适用于加工精度较高或孔距要求较精确的中小型零件，可以镗孔、钻孔、扩孔、铰孔和铣削平面以及车内螺纹等。现学校金加工实训室 5#、7#、8#、10#、15# 镗床出现故障，学校派发了维修任务，要求在 2 个工作日内完成并交付负责人。任务实施过程中，必须按照电气设备检修要求进行，检修过程中的电工操作应符合《GB 50254—2014 电气装置安装工程低压电器施工及验收规范》。车床检修完成后，电气控制系统应满足机床原有的机械性能要求，保证车床可靠安全工作，并交付指导老师及车床管理责任人验收，协作通知单回执联在车床管理责任人签字后上交学校。

　　维修任务通知单如下：

金华市技师学院维修通知单

存根联：№：

报修部门	数控技术教研组	报修人员	
维修地点	车工实训室		
通知时间		应完成时间	
维修（加工）内容	5#、7#、8#、10# 镗床不能启动，15# 没有反接制动		

金华市技师学院实训处协作通知单

通知联：№：

协作部门	□数控教研组　☑电气教研组　□机电教研组　□模具教研组		
报修部门	数控技术教研组		
维修地点	车工实训室	报修人员	
通知时间		应完成时间	
维修（加工）内容	5#、7#、8#、10# 镗床不能启动，15# 没有反接制动 教研组主任签名：		
备注	1. 教研组及时安排好协作人员 2. 协作人员收到此单后，需按规定时间完成 3. 协作人员工作完毕，认真填好验收单，请使用人员验收签名后交回学校		

学习目标

完成本教学任务后，学生能正确识读 T68 型卧式镗床电气原理图，能按故障检修的一般方法步骤分析同难度机床的电气故障原因，确定故障范围，并最终确定故障点及排除故障。

（1）能正确识读 T68 型卧式镗床电气图，包括原理图、电气接线图；

（2）能按电气设备日常维护保养内容及要求对电动机、常用控制设备进行维护保养；

（3）能根据机床的故障现象及电气原理图分析故障原因，确定故障范围；

（4）能借助仪表及合理的方法检测并确定故障点；

（5）能按电气故障检修要求及电工操作规范排除故障；

（6）能与教师、同学有效沟通，有团队合作精神，有良好的职业习惯；

（7）能按 7S 要求清理工作现场。

学习时间

14 课时。

工作流程与活动：

教学活动一：明确任务（1 课时）；

教学活动二：制订计划（1 课时）；

教学活动三：工作准备（6 课时）；

教学活动四：任务实施（2 课时）；

教学活动五：任务验收（2 课时）；

教学活动六：总结拓展（2 课时）。

学习地点

电工模拟排故室二，车工实训室。

学材

劳动版《常用机床电气检修》教材，学生学习工作页，电工安全操作规程，《GB 50254—2014 电气装置安装工程低压电器施工及验收规范》。

教学
活动一　　　　　明确任务

学习目标

能阅读"T68 型卧式镗床维修"工作任务单，明确工时、工作任务等信息，熟悉电气设备维修的一般要求。

学习场地

电工模拟排故室二。

学习时间

1 课时。

教学过程

填写任务要求明细表 4-1。

表4-1　T68型卧式镗床维修任务要求明细表

报修记录					
报修部门		报修人		报修时间	
报修级别	特急□　急□　一般□		希望完工时间	年　月　日以前	
故障设备			设备编号		
故障状况					
接单人及时间			预定完工时间		
电气设备检修维护保养的一般要求					

制订计划

教学活动二

学习目标

能进行人员分组，能根据学习任务制订学习计划。

学习场地

电工模拟排故室二。

学习时间

1课时。

教学过程

一、学生分组

在教师指导下，自选组长，由组长与班里同学协商，组成学习小组，确定小组名称及小组各成员的职责，填写小组成员及职责表4-2。

表4-2　小组成员及职责表

小组名：＿＿＿＿＿＿＿＿

小组成员	姓名	职责
组长		
安全员		
工具员		
材料员		
组员		
组员		

二、制订工作计划

根据工作任务制订工作计划，并填写 T68 型卧式镗床电气检修工作计划表 4-3。

表4-3　T68型卧式镗床电气检修工作计划表

序号	工作内容	工期	人员安排	地点	备注

工作准备

学习目标

（1）能正确识读 T68 型卧式镗床电气图，包括原理图、电气接线图；

（2）能根据机床的故障现象及电气原理图分析故障原因，确定故障范围；

（3）初步掌握 T68 型卧式镗床电气检修方法步骤；

（4）能与教师、同学有效沟通，有团队合作精神，有良好的职业习惯。

学习场地

电工模拟排故室二。

学习时间

6 课时。

教学过程

学一学

T68镗床是一种多用途金属加工机床，适用于加工精度较高或孔距要求较精确的中小型零件，可以镗孔、钻孔、扩孔、铰孔和铣削平面以及车内螺纹等。

一、T68镗床的主要结构及运动形式

1. 主要结构

T68型卧式镗床的外形结构如图4-1所示，主要由床身、主轴箱、前立柱、带尾架的后立柱、上溜板、下溜板、主轴（花盘）等组成。

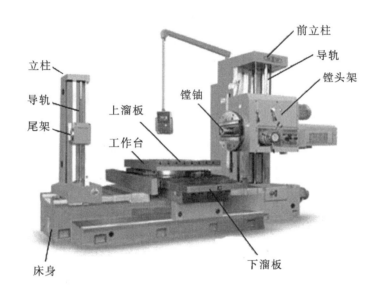

图 4-1　T68 型卧式镗床外形结构图

2. 运动形式

（1）机床的主运动和进给运动共用一台双速电动机 1M。低速时可直接启动；高速时，采用先低速而后自动转为高速运行的二级控制，以减小启动电流。

（2）主电动机 1M 能正反向运行，并可正反向点动及反接制动。在点动、制动以及变速过程的脉动时，电路均串入限流电阻 R，以减小启动电流和制动电流。

（3）主轴和进给变速均可在运动中进行。主轴变速时，电动机脉动旋转通过位置开关 SQ1、SQ2 完成，进给变速通过位置开关 SQ3、SQ4 以及变速继电器 KS 共同完成。

（4）为缩短机床加工的辅助工作时间，主轴箱、工作台、主轴通过电动机 2M 驱动其快速移动，它们之间的进给有机械和电气联锁保护。

二、T68型卧式镗床电路工作原理

T68 型卧式镗床电气控制原理图如图4-2所示。

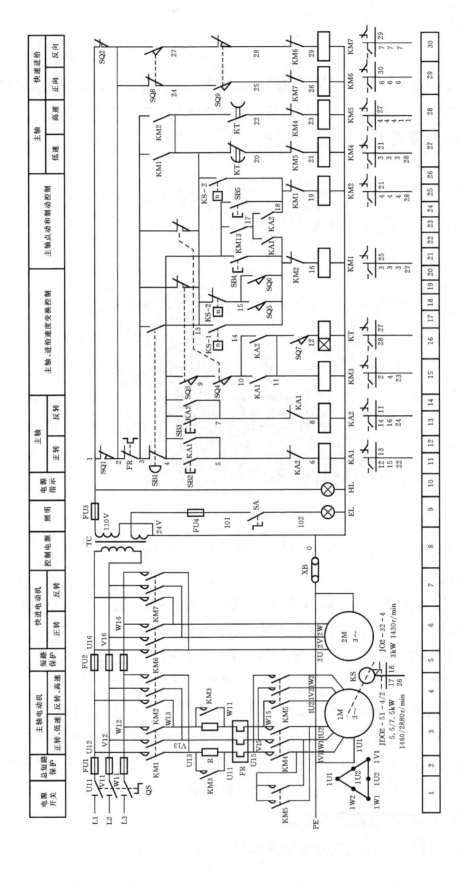

图 4-2 T68 型卧式镗床电气原理图

1.开车前准备

1）合上所需开关

合上电源开关 QS，引入电源，电源指示灯 HL 亮；合上照明开关 SA，局部工作照明灯 EL 亮。

2）选择好所需的主轴转速和进给量

主轴和进给量选择时，行程开关 SQ3 ～ SQ6 的通断情况见表4-4。

表4-4　行程开关变换表

变换控制内容	触点	变换时	变换后
主轴转速变换	SQ3（4-9）	-	+
	SQ3（3-13）	+	-
	SQ5（14-15）	+	-
进给量变换	SQ4（9-10）	-	+
	SQ4（3-13）	+	-
	SQ6（14-15）	+	-

3）调整好主轴箱和工作台的位置

调整后行程开关 SQ1 和 SQ2 的常闭触点均处于闭合状态。

2.主轴电动机的控制

1）正反转控制

需正转时，按下按钮 SB2，中间继电器 KA1 吸合，使接触器 KM3 吸合，它们的常开触点 KA1（14-17）和 KM3（4-17）闭合，使接触器 KM1 通电吸合，KM4 随之吸合，电动机正向启动作低速（△接法）运转。

同理，在需要反转控制时，按下 SB3，继电器、接触器通电吸合顺序为：KA2-KM3-KM2-KM4，电动机反向启动并作低速运转。

2）高低速转换控制

低速时主轴电动机 1M 定子绕组作△接法，n=1460 r/min；高速时 1M 定子绕组为 2Y 接法，n=2880 r/min。

（1）低速控制。与上述正反转控制过程相同，电动机 1M 定子绕组作△接法。

（2）高速控制。当主轴变速手柄将主轴转速转换到高速位置时，微动开关 SQ7 受压而闭合，时间继电器 KT 线圈将与 KM3 同时吸合，经过 1 ～ 2 秒延时后 KT（13-20）常闭触点断开，使 KM4 失电，电动机失电停转，同时时间继电器 KT（13-22）常开触点闭合，接触器 KM5 线圈通电吸合，使电动机定子绕组从原来的△接法转换为 2Y 接法，则使 1M 变为高速运转，转速 n=2880 r/min。

从原理图中可知，无论 1M 在低速运转时，还是在停车时，若将主轴变速手柄置于高速位置，电动机 1M 总是先低速运转（低速启动）1～2 秒后，再自动转换到高速运转。

（3）停车制动控制。假设 1M 在高速正转运行时，由于速度继电器 KS 的常开触点 KS（13-18）在转速为 120～150 r/min 时已经闭合，为反接制动停车作好了准备，此时，按下停止按钮 SB1 将产生如下动作：

①SB（3-4）先断开，使 KA1、KM3、KT、KM1 的线圈同时断电，随之 KM5 的线圈也断电。

②KM1 断电，其主触点断开，电动机断电，同时 KM1（18-19）闭合，为制动作准备。

③KT 断电，其触点 KT（13-22）恢复断开；KT（13-20）恢复闭合，使电动机的制动在低速运转状态下进行。

④KM3 断电，其主触点断开，使 1M 制动时串入电阻器 R。

⑤当停止按钮的常开触点 SB1（3-13）后闭合时，由于电动机的转速仍然很高，速度继电器 KS（13-18）仍处闭合状态，因此接触器 KM2 线圈通电吸合，KM4 线圈随之吸合，电动机在低速情况下串电阻进行反接制动。

⑥KM2 吸合后，其常闭触点 KM2（14-16）断开，与接触器 KM1 进行互锁控制，而其常开触点 KM2（3-13）闭合，当放开停止按钮时，KM2 仍能通电，使制动继续下去。

⑦制动时，当电动机 1M 的转速降至约 120 r/min 时，速度继电器的常开触点 KS（13-18）恢复断开，KM2 断电，随之 KM4 也断电，电动机停转，反接制动结束。

如果 1M 反转时进行制动，则 KS 的另一副常开触点 KS（13-14）闭合，同理使 KM1、KM4 吸合进行反接制动。

（4）调整点动控制。如果需要进行调整正转（或反转）点动时，可按下按钮 SB4（或 SB6），此时接触器 KM1（或 KM2）吸合，使 KM4 也吸合，由于 KA1（或 KA2）、KM3、KT 都没有通电，电动机 1M 只能在△接法下串入电阻作低速转动，当松开按钮 SB4（或 SB5）时，因电路没有自锁作用，而且（3-13）是断开的，所以 1M 不会连续转动下去且不能作反接制动。

（5）主轴变速及进给变速控制。

①主轴变速控制。主轴的各种转速是用变速操纵盘来调节变速传动系统而取得的。在需要变速时，可不必按停止按钮 SB1，只要将主轴变速操纵盘的操作手柄拉出，与变速手柄有机械连接的行程开关 SQ3 不再受压而分断，使 SQ3（4-9）断开，SQ3（3-13）闭合，而使行程开关 SQ5 因不受压而闭合，SQ3（4-9）的断开使 KM3、KT 线圈断电而释放，KM1（或 KM2）也随之断电释放，电动机 1M 断电作惯性旋转。由于 SQ3（3-13）已经闭合，而速度继电器 KS 一个方向的常开触点早已闭合，为反接制动作好了准备，所以使 KM2（或 KM1）、KM4 线圈立即通电吸合，电动机 1M 在低速状态下串电阻反接制动。当制动结束，KS 的常开触点分断时，便可转动变速操纵盘进行变速，变速后，将手柄推回原位，使 SQ3、SQ5 的触点恢复原来状态（见通断表），使 KM3、KM1（或 KM2）、

KM4 的线圈相继通电吸合，电动机按原来的转向启动，而主轴以新选定的转速运转。

变速时，若齿轮卡住手柄推不上，此时，因 SQ5 常闭触头已处闭合状态且速度继电器常闭触点 KS（13-15）也已恢复闭合，使接触器 KM1、KM4 线圈相继通电吸合，电动机在低速状态下串电阻又启动起来。当转速升到 120 r/min 时，KS（13-15）又断开，KM1、KM4 线圈失电释放，1M 又断电停转；当转速降到约 40 r/min 时，KS（13-15）再次闭合，KM1、KM4 再次吸合，1M 再次启动，使电动机 1M 的转速在 40 ～ 120 r/min 范围内重复动作，直到齿轮啮合后，方能推合变速操纵手柄，变速冲动才告结束。

②进给变速控制。与主轴变速控制过程相同，只是拉开的不是主轴变速操作手柄，而是进给变速操作手柄，压合的行程开关是 SQ4 和 SQ6。

3. 快速进给电动机的控制

为了缩短辅助时间，机床采用各个机构能进行快速移动控制。当快速进给操纵手柄向里推时，压合行程开关 SQ9，接触器 KM6 线圈通电吸合，快进电动机 2M 正向启动，通过齿轮、齿条等实现快速移动。松开操纵手柄，SQ9 复位，KM6 失电释放，电动机 2M 停转。反之，将快速进给操纵手柄向外拉时，压合 SQ8，KM7 线圈通电吸合，电动机反向启动，实现快速反向移动。

4. 联锁保护装置

为了防止在工作台或主轴箱快速进给时又将主轴进给手柄扳到快速进给位置的误操作，将行程开关 SQ1、SQ2 并联接在 1M 与 2M 的控制电路中。当手柄操作工作台进给或主轴箱进给时，与手柄机械机构连接的行程开关 SQ1 受压，SQ2 的常闭触点也断开。而 1M、2M 必须在 SQ1、SQ2 中至少有一个处于闭合状态下才能工作，如果两个手柄都处在进给位置时，SQ1 和 SQ2 都断开，1M 和 2M 就不能进行工作或自动停转，从而达到联锁保护的目的。

动一动

现场观摩操作，熟悉 T68 型卧式镗床。

1. 观察 T68 型卧式镗床

仔细观察 T68 型卧式镗床的基本操作方法及正常工作状态，记录操作步骤及工作状态：

_____

_____

_____

_____

_____

2. T68 型卧式镗床操作练习

练习 T68 型卧式镗床基本操作，体验镗床操作方法。

温馨提示

为加深对 T68 型卧式镗床结构、各手柄的作用、元器件位置、机械与电气的联合动作及对镗床的操作的认识，主要对以下内容进行了解：

（1）在练习过程中要学会识别 T68 型卧式镗床主要部件，清楚元器件位置及线路布线走向。

（2）观察主轴变速盘的操作、进给变速的操作以及操作过程位置开关的吸合状态。

（3）观察速度继电器触点的自然状态以及运行的偏摆方向。

（4）观察主轴电动机高低速运行过程、停车制动、点动、变速冲动的动作过程；观察快速移动控制和操作过程。

（5）在教师指导下操作 T68 型卧式镗床。

练一练

一、填空题

1. 在 T68 型卧式镗床电路图中，主电路有两台电动机，镗床的主运动及各种进给运动都由_____驱动，而其他各部分的快速进给则由_____驱动。

2. T68 型卧式镗床电路图中电阻 R 的作用是_____。

3. T68 型卧式镗床主轴转速在高速挡时，如果接触器 KM5 的电磁线圈断线，按下 SB3，低速启动后，出现的故障是电机_____。

4. T68 型卧式镗床主轴电机 1M 是_____异步电动机。

5. T68 型卧式镗床主要由床身、____、____、____、后立柱和尾架等部分组成。

6. T68 型卧式镗床的镗轴和平旋盘轴____，分别通过各自的传动链传动，可以独立转动。

7. T68 型卧式镗床的主轴电动机 1M 的控制包括____、____、____、____和____。

8. T68 型卧式镗床的主轴电动机 1M 的反接制动有____、____、____和____。

二、判断题

（　）1. T68 型卧式镗床电路图中，如果时间继电器 KT 的线圈断线，则主轴电机的高速挡不能启动，低速挡正常。

（　）2. T68 型卧式镗床电路图中，如果接触器 KM4 的电磁线圈断线，则主轴电机的高速挡一直是正常值的一半。

（　）3. T68 型卧式镗床主轴电机是双速电动机，不论低速启动还是高速启动，电动机都是直接启动的。

（　）4. T68 型卧式镗床的主轴可在运行过程中进行变速。

（　）5. T68 型卧式镗床在主轴变速过程中，主轴电动机正常通电运转。

（　）6. T68 型卧式镗床在工作台或主轴箱自动进给时，不允许主轴或平旋盘刀架进行自动进给。

（ ）7. T68 型卧式镗床主轴电动机变速时做低速断续冲动的过程中，速度继电器 KS 不起作用。

三、选择题

1. T68 型卧式镗床主轴电动机的快慢由位置开关（ ）决定。

A. SQ7 　　　　　　　　B. SQ4 　　　　　　　　C. SQ1

2. T68 型卧式镗床短路保护采用（ ）。

A. 热继电器 　　　　　　B. 熔断器 　　　　　　C. 接触器

3. T68 型卧式镗床失压保护采用（ ）。

A. 热继电器 　　　　　　B. 熔断器 　　　　　　C. 接触器

4. T68 型卧式镗床主轴电机高速挡时，启动后一直以选定转速的一半稳定运行，可能的故障是（ ）。

A. 变速装置未能压下 SQ7 　　B. SQ7 常开触点接触不良 　　C. SQ7 常开触点熔焊

5. T68 型卧式镗床主轴电动机高速运转前必须先低速启动的原因是（ ）。

A. 减少机械冲击力

B. 电动机功率较大，减小启动电流

C. 提高电动机的输出功率

6. T68 型卧式镗床中，位置开关 SQ3、SQ4 用于（ ）。

A. 变速冲动 　　　　　　B. 启动 　　　　　　　C. 联锁保护

7. T68 型卧式镗床的主轴电动机采用（ ）制动。

A. 反接 　　　　　　　　B. 能耗 　　　　　　　C. 电磁离合器

8. T68 型卧式镗床中，位置开关 SQ1、SQ2 常闭触点并联的作用是（ ）。

A. 实现变速冲动 　　　　B. 增大触点的导通能力 　　C. 安全联锁保护

四、识读电气原理图，分析工作原理

1. 请根据原理图电源部分内容回答下列问题。

引导问题 1：主电路采用什么样的供电方式，其电压为多少？

_____

引导问题 2：控制电路采用什么样的供电方式，其电压为多少？

_____

引导问题 3：照明电路和指示电路各采用什么样的供电方式，其电压各为多少？

_____

引导问题 4：主电路和辅助电路中所用的元件有哪些？

_____

引导问题 5：主电路和辅助电路中各供电电路采用了什么保护措施？保护器件是哪个？

_____

引导问题 6：变压器的作用是什么？请测量一、二次绕组电压与阻值并记录。

绕组名称			
电压值 / V			
阻值 / Ω			

2. 请根据原理图主电路部分内容回答下列问题。

引导问题 1：主电路有哪几台电动机？

_____

引导问题 2：主电路都使用了哪几种型号的电动机？

_____

引导问题 3：主电动机为什么要分低速与高速？

_____

引导问题 4：快速移动电动机的作用是什么？

_____

3. 请根据原理图辅助电路部分内容，查阅相关资料回答下列问题。

引导问题 1：主拖动电动机电力拖动特点及控制要求是什么？

_____

引导问题 2：快速移动电动机电力拖动特点及控制要求是什么？

_____

引导问题 3：主拖动电动机的控制电路由哪些器件组成，其控制电路工作原理是什么？

_____

引导问题 4：快速移动电动机的控制电路由哪些器件组成，其控制电路工作原理是什么？

_____

引导问题 5：电路中采用了什么保护？由哪些器件实现？

_____

引导问题 6：请小组将各成员分析的工作原理进行汇总、讨论，并展示。

_____

五、模拟排故

1. 分析故障现象（教师假设故障点，学生根据原理分析故障现象）。

（1）根据教师给出的故障现象，结合原理分析故障现象。

（2）通电试车验证分析结果的正确性，并作记录。

故障点 1：

_____

_____

故障点 2：

_____

_____

2. 模拟排故。

（1）单故障排故（教师每次在排故台上设置 1 个故障，学生排故练习，额定工时：15 分钟），并回答以下问题。

故障现象：_____

_____

根据原理分析故障范围：_____

_____

检测结果：_____

_____

故障排除情况：_____

_____

（2）双故障排故（教师每次在排故台上设置 2～3 个故障，学生排故练习，额定工时：20 分钟），并回答以下问题。

故障 1：

故障现象：_____

_____

根据原理分析故障范围：_____

_____

检测结果：_____

_____

故障排除情况：_____

_____

故障 2：

故障现象：_____

_____

根据原理分析故障范围：_____

_____

检测结果：_____

_____

故障排除情况：_____

_____

温馨提示

（1）在低压设备上的检修工作，必须事先汇报教师，经教师同意后才可进行。

（2）现场工作开始前，应检查安全措施是否符合要求，运行设备及检修设备是否明确分开，严防误操作。

（3）工作时，必须严格按照停电、验电、放电、挂停电牌的安全技术步骤进行操作。

（4）检修时，拆下的各零件要集中摆放，拆各接线前，必须将接线顺序及线号记好，避免出现接线错误。测量时，一般以自然断点为界，将电路分为上下两部分进行（电路的常开环节就是典型的自然断点）。在检修时如果出现被测线路都正常的情况，此时就应该查找元器件。

（5）严禁带电作业。

（6）检修完毕，经全面检查无误后将隔离刀闸送上，试运转后，将结果汇报教师，并做好检修记录。

教学活动四　　　　任务实施

学习目标

（1）能正确识读 T68 型卧式镗床电气图，包括原理图、电气接线图；

（2）能根据 T68 型卧式镗床的故障现象及电气原理图分析故障原因，确定故障范围；

（3）借助一定的工具、仪表，能检测、确定故障点，并最终排除车床的电气故障；

（4）能与教师、同学有效沟通，有团队合作精神，有良好的职业习惯；

（5）能按 7S 要求整理工作现场。

学习场地

车工实训室。

学习时间

2 课时。

教学过程

1. 向车床操作工人询问故障产生情况并记录于表 4-5

表4-5　故障产生情况记录表

购买时间	
使用记录	
以前出现过的故障	
维修情况	
维修时间	
本次故障现象 （与操作人员交流获取）	

2. 直观检查故障情况，并记录

_____

_____

_____

_____

3. 通电试车观察故障现象，并记录

_____

_____

_____

_____

_____

4.结合原理分析并确定故障范围

故障范围：

_____

_____

_____

_____

5.检测确定故障点，并排除故障

故障点：

_____

_____

6.按 7S 要求整理工作现场

教学活动五　　　任务验收

学习目标

（1）能与教师、同学有效沟通，有团队合作精神，有良好的职业素养；
（2）能正确填写设备报修验收单。

学习场地

车工实训室。

学习时间

2 课时。

教学过程

各小组填写设备报修验收单，见表4-6。

表4-6 金华市技师学院设备报修验收单

报修记录						
报修部门		报修人		报修时间		
报修级别	特急□ 急□ 一般□		希望完工时间			年 月 日以前
故障设备		设备编号		故障时间		
故障状况						
维修记录						
接单人及时间			预定完工时间			
故障原因						
维修类别		小修□ 中修□ 大修□				
维修情况						
维修起止时间			工时总计			
耗用材料名称	规格	数量	耗用材料名称	规格		数量
维修人员建议						
验收记录						
验收部门	维修开始时间		完工时间			
	维修结果			验收人：		日期：
	设备部门			验收人：		日期：

注：本单一式两份，一联报修部门存根，一联交实训处。

教学
活动六 　　　　　　　　总结拓展

学习目标

（1）能正确解读学习任务评价表，公平公正进行自我评价及小组互评；

（2）能与老师同学有效沟通，有团队合作精神，有良好的职业素养；

（3）能总结学习过程中的经验与教训，指导今后的学习与工作，能撰写工作总结；

（4）能进行知识拓展，检修相关类型的镗床。

学习场地

电工模拟排故室二。

学习时间

2课时。

教学过程

一、小组展示学习成果

每小组派一名代表讲解本组负责检修车床的故障现象，逻辑分析得出的故障范围，检测结果及故障排除情况，自我评定学习任务评价表中各项成绩，填写表4-7，并说明理由。

二、小组互评学习任务完成情况

为评价表中的每项评分，并说明理由。

三、教师评价

教师根据各小组任务完成情况给出各小组本任务综合成绩。

四、撰写学习总结

各小组总结故障检修经验教训，撰写学习总结。

T68型卧式镗床电气检修学习总结

五、交流机床电气检修心得

小组派代表交流镗床故障检修心得，教师讲评本任务完成总体情况及典型案例。

记录典型经验及教训：

经验 1：_____

_____

经验 2：_____

_____

经验 3：_____

_____

教训 1：_____

_____

教训 2：_____

_____

教训 3：_____

_____

六、知识拓展

（1）T68 型卧式镗床电气线路常见故障分析。

①故障现象：合上电源开关 QS，按下正转启动按钮 SB2 或反转启动按钮 SB3，主轴

电动机 1M 均不工作。

原因分析：

②故障现象：主轴正向启动正常，但不能反向启动。

原因分析：

③故障现象：主轴变速盘处于高速挡位置，按下主轴启动按钮 SB2，主轴启动后低速运行，但不向高速挡转移而自动停止。

原因分析：

④故障现象：按下启动按钮，主轴电动机 1M 不工作，几秒后 1M 突然启动运行。

原因分析：

⑤故障现象：主轴变速手柄拉出后，主轴电动机无冲动过程，发生顶齿现象，使变速手柄不能顺利推回原位。

原因分析：

⑥故障现象：按下停止按钮，主轴电动机不能迅速停车，没有反接制动。

原因分析：

（2）学生利用课外时间收集其他型号镗床电气原理图，分析工作原理，练习故障原因。

表4-7 学习任务评价表

班级：_____ 姓名：_____ 学号：_____ 任务名称：_____

序号	考核内容		考核要求	评分标准	配分	自我评价（10%）	小组互评（40%）	教师评价（50%）
1	职业素养	劳动纪律	按时上下课，遵守实训现场规章制度	上课迟到、早退、不服从指导教师管理，或不遵守实训现场规章制度扣1~5分	5			
		工作态度	认真完成学习任务，主动钻研专业技能	上课学习不认真，不能主动完成学习任务扣1~5分	5			
		职业规范	遵守电工操作规程及规范及现场管理规定	1. 不遵守电工操作规程及规范扣1~10分 2. 不能按规定整理工作现场扣1~5分	10			
2	明确任务		填写工作任务相关内容	工作任务内容填写有错扣1~5分	5			
3	制订计划		计划合理、可操作	计划制订不合理、可操作性差扣1~5分	5			
4	工作准备		掌握完成工作需具备的知识技能	按照回答的准确性及完成程度评分	20			
5	任务实施	调查研究	对每个故障现象进行调查研究	1.排除故障前不进行调查研究，扣5分 2. 故障调查研究不充分扣3分	5			
		故障分析	在电气控制线路上分析故障可能的原因，思路正确	1. 错标或标不出故障范围，每个故障点扣5分 2. 不能标出最小的故障范围，每个故障点扣3分	10			
		故障排除	正确使用工具和仪表，找出故障点并排除故障	1.实际排除故障中思路不清楚，每个故障点扣3分 2. 每少查出一个故障点扣5分 3. 每少排除一个故障点扣3分 4. 排除故障方法不正确，每处扣5分	10			
		其他	操作有误，要从此项总分中扣分	1. 排除故障时产生新的故障后不能自行修复，每个扣3分；已经修复，每个扣1分 2. 损坏主要电气元件扣5分	5			
		回答问题	理解原理相关问题，清楚主要元件的作用，控制环节的动作过程及相应控制回路的电流通路	不能正确回答问题，扣1~5分	5			

续表

序号	考核内容	考核要求	评分标准	配分	自我评价（10%）	小组互评（40%）	教师评价（50%）
6	团队合作	小组成员互帮互学，相互协作	团队协作效果差扣1~5分	5			
7	创新能力	能独立思考，有分析解决实际问题能力	1.工作思路、方法有创新，酌情加分 2.工作总结到位，酌情加分	10			
备注	各子项目评分时不倒扣分		合计	100			
			综合成绩				
		指导教师综合评价	指导教师签名： 　　　　年　月　日				

任务五

X62W型卧式万能铣床电气控制线路及其检修

工作任务单

学习任务描述

万能铣床是一种通用的多用途金属加工机床，可用来加工平面、斜面、沟槽，装上分度头后，可以铣切直齿轮和螺旋面，加装圆工作台，则可以铣切凸轮和弧形槽。现学校金加工实训室有 10 台 X62W 型卧式万能铣床，主要用于技能实训及外加工任务，由于使用频率高，铣床经常出现电气故障，机电工程系要求电气教研组承担铣床检修任务，电气教研组将本学期金加工实训室铣床检修任务交给电气班，要求他们在 2 天内完成铣床的电气检修任务，机床检修必须按照电气设备检修要求进行，检修过程中的电工操作应符合《GB 50254—2014 电气装置安装工程低压电器施工及验收规范》。铣床检修完成后，电气控制系统应满足机床原有的机械性能要求，保证铣床可靠安全工作，并交付指导教师及铣床管理责任人验收，协作通知单回执联在铣床管理责任人签字后上交学校。

任务通知单如下：

金华市技师学院维修通知单

存根联：№：

报修部门	模具教研组	报修人员	
维修地点	金加工实训室		
通知时间		应完成时间	
维修（加工）内容	3#、6#、5# 铣床主轴不能启动，7#、8# 工作台各个方向都不能进给，2#、10# 主轴停车没有制动作用，1#、9#、4# 工作台能上下进给，不能左右进给		

金华市技师学院实训处协作通知单

通知联：№：

协作部门	□数控教研组 　☑电气教研组 　□机电教研组 　□模具教研组		
报修部门	模具教研组		
维修地点	金加工实训室	报修人员	
通知时间		应完成时间	

续表

维修（加工）内容	3#、6#、5# 铣床主轴不能启动，7#、8# 工作台各个方向都不能进给，2#、10# 主轴停车没有制动作用，1#、9#、4# 工作台能上下进给，不能左右进给 教研组主任签名：
备注	1. 教研组及时安排好协作人员 2. 协作人员收到此单后，需按规定时间完成 3. 协作人员工作完毕，认真填好验收单，请使用人员验收签名后交回学校

学习目标

完成本教学任务后，学生能正确识读 X62W 型卧式万能铣床电气原理图，能按故障检修一般方法步骤分析同难度普通机床的电气故障原因，确定故障范围，并最终确定故障点及排除故障。

（1）能正确识读 X62W 型卧式万能铣床电气图，包括原理图、电气接线图；

（2）能按电气设备日常维护保养内容及要求对电动机、常用控制设备进行维护保养；

（3）能根据铣床的故障现象及电气原理图分析故障原因，确定故障范围；

（4）能借助仪表及合理的方法检测并确定故障点；

（5）能按电气故障检修要求及电工操作规范排除故障；

（6）能与教师、同学有效沟通，有团队合作精神，有良好的职业习惯；

（7）能按 7S 要求清理工作现场。

学习时间

14 课时。

工作流程与活动：

教学活动一：明确任务（1 课时）；

教学活动二：制订计划（1 课时）；

教学活动三：工作准备（6 课时）；

教学活动四：任务实施（2 课时）；

教学活动五：任务验收（2 课时）；

教学活动六：总结拓展（2 课时）。

学习地点

电工模拟排故室二，金加工实训室。

学材

《常用机床电气检修》教材，学生学习工作页，电工安全操作规程，《GB 50254—2014 电气装置安装工程低压电器施工及验收规范》。

教学活动一　　　　　**明确任务**

学习目标

能阅读"X62W 型卧式万能铣床维修"工作任务单，明确工时、工作任务等信息，熟悉电气设备维修的一般要求。

学习场地

电工模拟排故室一。

学习时间

1 课时。

教学过程

填写任务要求明细表 5-1。

表5-1　X62W型卧式万能铣床维修任务要求明细表

报修记录					
报修部门		报修人		报修时间	
报修级别	特急□　急□　一般□		希望完工时间		年　　月　　日以前
故障设备			设备编号		
故障状况					
接单人及时间			预定完工时间		
电气设备检修维护保养的一般要求					

制订计划

学习目标

能进行人员分组，能根据学习任务制订学习计划。

学习场地

电工模拟排故室一。

学习时间

1课时。

教学过程

一、学生分组

在教师指导下，自选组长，由组长与班里同学协商，组成学习小组，确定小组名称及小组各成员的职责，填写小组成员及职责表5-2。

表5-2　小组成员及职责表

小组名：_____

小组成员	姓名	职责
组长		
安全员		
工具员		
材料员		
组员		
组员		

二、制订工作计划

根据工作任务制订工作计划，并填写X62W型卧式万能铣床电气检修工作计划表5-3。

表5-3　X62W型卧式万能铣床电气检修工作计划表

序号	工作内容	工期	人员安排	地点	备注

工作准备

学习目标

（1）能正确识读X62W型卧式万能铣床电气图，包括原理图、电气接线图；

（2）能根据机床的故障现象及电气原理图分析故障原因，确定故障范围；

（3）初步掌握 X62W 型卧式万能铣床电气检修方法步骤；

（4）能与教师、同学有效沟通，有团队合作精神，有良好的职业习惯。

学习场地

电工模拟排故室一。

学习时间

6 课时。

教学过程

铣床的种类很多，按照结构形式和加工性能的不同，可分为立式铣床、卧式铣床、龙门铣床、仿形铣床和专用铣床等。

万能铣床是一种通用的多用途机床，它可以用圆柱铣刀、圆片铣刀、角度铣刀、成型铣刀及端面铣刀等刀具对各种零件进行平面、斜面、螺旋面及成型表面的加工，还可以加装万能铣头、分度头和圆工作台等机床附件来扩大加工范围。常用的万能铣床有两种，一种是 X62W 型卧式万能铣床，铣头水平方向放置；另一种是 X52K 型立式万能铣床，铣头垂直方向放置。这两种铣床在结构上大体相似，差别在于铣头的放置方向不同，而工作台的进给方式、主轴变速的工作原理等都一样，电气控制线路经过系列化以后也基本一样。

一、X62W 型卧式万能铣床的主要结构及运动形式

X62W 型万能铣床的外形结构如图 5-1 所示，主要由床身、主轴、刀杆、悬梁、工作台、回转盘、横溜板、升降台、底座等组成。

二、X62W 型卧式万能铣床电力拖动的特点及控制要求

该铣床共用 3 台异步电动机拖动，它们分别是主轴电动机 M1、进给电动机 M2 和冷却泵电动机 M3。分别由 FR1、FR3、FR2 提供过载保护。

（1）铣削加工有顺铣和逆铣两种加工方式，所以要求主轴电动机能正反转，但考虑到正反转操作并不频繁（批量顺铣或逆铣），因此在铣床床身下侧电器箱上设置一个组合开关，来改变电源相序实现主轴电动机的正反转。由于主轴传动系统中装有避免振动的惯性轮，使主轴停车困难，故主轴电动机采用电磁离合器制动以实现准确停车。

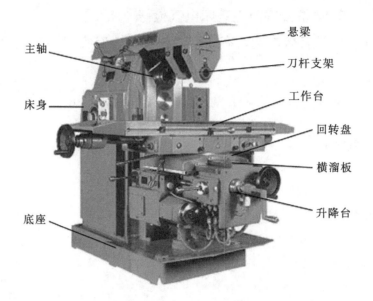

悬梁

刀杆支架

工作台

回转盘

横溜板

升降台

主轴

床身

底座

图 5-1　X62W 型卧式万能铣床外形结构图

（2）铣床的工作台要求有前后、左右、上下 6 个方向的进给运动和快速移动，所以也要求进给电动机能正反转，并通过操纵手柄和机械离合器相配合来实现。进给的快速移动是通过电磁铁和机械挂挡来完成的。为了扩大其加工能力，在工作台上可加装圆形工作台，圆形工作台的回转运动是由进给电动机经传动机构驱动的。

（3）根据加工工艺的要求，该铣床应具有以下电气联锁措施：

①为防止刀具和铣床的损坏，要求只有主轴旋转后才允许有进给运动和进给方向的快速移动。

②为了减小加工件表面的粗糙度，只有进给停止后主轴才能停止或同时停止。该铣床在电气上采用了主轴和进给同时停止的方式，但由于主轴运动的惯性很大，实际上就保证了进给运动先停止，主轴运动后停止的要求。

③6 个方向的进给运动中同时只能有一种运动产生，该铣床采用了机械操纵手柄和位置开关相配合的方式来实现 6 个方向的联锁。

三、电气控制线路分析

X62W 型卧式万能铣床电气控制线路可分为主电路、控制电路和照明电路三部分，其电气原理图如图 5-2 所示。

1. 主轴电动机 M1 的控制

主轴电动机的启动、停止和快速进给都采用两地控制方式。一组安装在工作台上，另一组安装在床身上。

1）主轴电动机 M1 启动控制

主轴电动机启动之前根据加工顺铣、逆铣的要求，将转换开关 SA3 扳到所需的转向位置。然后按下 SB1 或 SB2，KM1 通电并自锁，M1 主轴电动机运行。

2）主轴电动机的制动

为了使主轴停车准确，主轴采用电磁离合器制动。当按下 SB5 或 SB6 时，KM1 失电，M1 停止，SB5-2 或 SB6-2 闭合，接通电磁离合器 YC1，YC1 离合器吸合，摩擦片压紧，对主轴电动机进行制动。主轴制动时间不超过 0.5s。

3）主轴变速冲动

主轴变速是由一个变速手柄和一个变速盘来实现的，有 18 级转速（30～1500 r/min）。由 SQ1 控制 M1 主轴电机做瞬时点动，使齿轮啮合。

4）主轴换刀控制

由 SA1 控制，当 SA1 转到接通位置时，SA1-2 断开，切断控制回路电源，SA1-1 接通电磁离合器 YC1，将电机制动。

2. 进给电动机 M2 的控制

工作台的进给运动在主轴启动后方可进行。工作台的进给可在 3 个坐标的 6 个方向运动，即工作台在回转盘上的左右运动；工作台与回转盘一起在溜板上和溜板一起前后运动；升降台在床身的垂直导轨上作上下运动。这些进给运动是通过两个操纵手柄和机械联动机构控制相应的位置开关使进给电动机 M2 正转或反转来实现的，并且 6 个方向的运动是联锁的，不能同时接通。在正常进给运动控制时，圆工作台控制转换开关 SA2 应转至断开位置。SQ5、SQ6 控制工作台的向右和向左运动，SQ3、SQ4 控制工作台的向前、向下和向后、向上运动。

1）圆形工作台的控制

为了扩大铣床的加工范围，可在铣床工作台上安装附件圆形工作台，进行对圆弧或凸轮的铣削加工。转换开关 SA2 就是用来控制圆形工作台的。当需要圆工作台旋转时，将开关 SA2 扳到接通位置，这时触头 SA2-1 和 SA2-3（17 区）断开，触头 SA2-2（18 区）闭合，电流经 11—14—15—16—21—20—18—19—13 路径，使接触器 KM3 得电，电动机 M2 启动，通过一根专用轴带动圆形工作台作旋转运动。当不需要圆形工作台旋转时，转换开关 SA2 扳到断开位置，这时触头 SA2-1 和 SA2-3 闭合，触头 SA2-2 断开，以保证工作台在 6 个方向的进给运动，因为圆工作台的旋转运动和 6 个方向的进给运动也是联锁的。

2）工作台的左右（纵向）进给运动

工作台的左右进给运动由左右进给操作手柄控制。操作手柄与位置开关 SQ5 和 SQ6 联动，有左、中、右三个位置，其控制关系见表 5-2b。当手柄扳向中间位置时，位置开关 SQ5 和 SQ6 均未被压合，进给控制电路处于断开状态；当手柄扳向左或右位置时，手柄压下位置开关 SQ5 或 SQ6，使常闭触头 SQ5-2 或 SQ6-2（17 区）分断，常开触头 SQ5-1（17 区）或 SQ6-1（18 区）闭合，接触器 KM3 或 KM4 得电动作，电动机 M2 正转或反转。由于在 SQ5 或 SQ6 被压合的同时，通过机械机构已将电动机 M2 的传动链与工作台下面的左右进给丝杆相搭合，所以电动机 M2 的正转或反转就拖动工作台向左或向右运动。当工作台向左或向右进给到极限位置时，由于工作台两端各装有一块限位挡铁，所以挡铁碰撞手柄连杆使手柄自动复位到中间位置，位置开关 SQ5 或 SQ6 复位，电动机的传动链与左右丝杆脱离，电动机 M2 停转，工作台停止进给，实现了左右运动的终端保护。

3）工作台的上下和前后进给

工作台的垂直与横向运动由一个十字进给手柄操纵，该手柄有五个位置，即上、下、前、后、中间。当手柄向上或向下时，传动机构将电动机传动链和升降台上下移动丝杆相联；向前或向后时，传动机构将电动机传动链与溜板下面的丝杆相联；手柄在中间位时，传动链脱开，电动机停转。

将十字手柄扳到向上（或向后）位，SQ4 被压下，接触器 KM4 得电吸合，进给电动机 M2 反转，带动工作台做向上（或向后）运动。KM4 线圈得电路径为：11—SA2-1—20—SQ5-2—21—SQ6-2—16—SA2-3—17—SQ4-1—22—KM3 常闭触点—23—KM4 线圈—13。

同理，将十字手柄扳到向下（或向前）位，SQ3 被压下，接触器 MK3 得电吸合，进给电动机 M2 正转，带动工作台做向下（或向前）运动。

4）进给变速时的冲动控制

进给变速只有各进给手柄均在零位时才可以进行。在改变工作台进给速度时，为使齿轮易于啮合，需要进给电动机瞬间点动一下。操作顺序：先将进给变速的蘑菇型手柄拉出，转变变速盘，选择好速度，然后将手柄继续向外拉到极限位置，随即推回原位，变速结束。就在手柄拉倒极限位置的瞬间，位置开关 SQ2 被压动，SQ2-2 先断开，SQ2-1 后接通，接触器 KM3 经：11—SA2-1—20—SQ5-2—21—SQ6-2—16—SQ4-2—15—SQ3-2—14—SQ2-1—18—KM4 常闭触点—19—KM3 线圈—13 路径得电，进给电动机瞬时正转。在手柄推回原位时，SQ2 复位，故进给电动机只是冲动一下。

5）工作台的快速移动控制

为了提高劳动生产效率，减少生产辅助工时，在不进行铣削加工时，可使工作台快速移动。当工作台工作进给时，再按下快速按钮 SB3 或 SB4（两地控制），接触器 KM2 线圈得电吸合，其 SB3 或 SB4（9 区）的常闭触点断开电磁离合器 YC2，将齿轮传动链与进给丝杆分离；KM2 常开触点（10 区）接通电磁离合器 YC3，将电动机 M2 与进给丝杆直接搭合。这时电动机直接驱动丝杆套，工作台按进给手柄的方向快速进给。松开 SB3 或 SB4，KM2 线圈失电，触点复位，快速进给结束，恢复原来的进给传动状态。

注：在主轴电机不启动时，可以实现快速进给调整工件。

3. 冷却泵及照明电路的控制

主轴启动后，扳动 QS2 控制冷却泵电动机 M3。照明由变压器 T1 提供 24V 电压，SA4 控制照明灯，FU5 做照明灯短路保护。

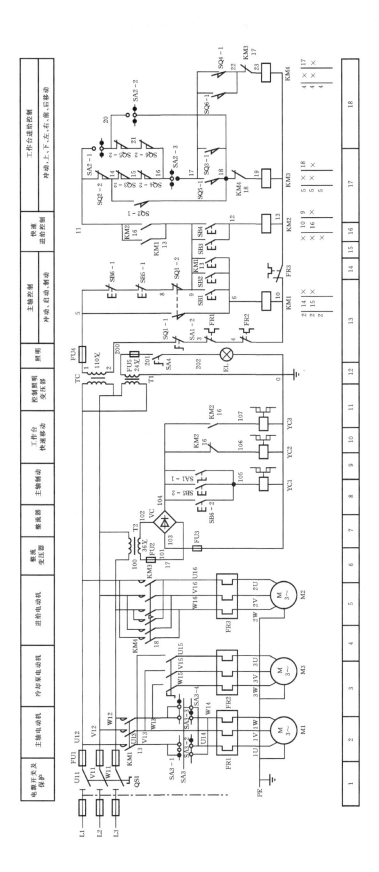

图 5-2 X62W 型卧式万能铣床电气原理图

四、X62W 型万能铣床各转换开关位置及其说明

X62W 型万能铣床各转换开关位置及其说明见表 5-4（a）、表 5-4（b）、表 5-4（c）、表 5-4（d）、表 5-4（e）。

表5-4（a）　主轴换向转换开关

位置 触头	正转	停止	反转
SA3-1	−	−	+
SA3-2	+	−	−
SA3-3	+	−	−
SA3-4	−	−	+

表5-4（b）　工作台纵向进给位置开关

位置 触头	向左	停止	向右
SQ5-1	−	−	+
SQ5-2	+	+	−
SQ6-1	+	−	−
SQ6-2	−	+	+

表5-4（c）　工作台垂直与横向进给位置开关

位置 触头	前、下	停止	后、上
SQ3-1	+	−	−
SQ3-2	−	+	+
SQ4-1	−	−	+
SQ4-2	+	+	−

表5-4（d）　圆工作台控制开关

位置 触头	接通	断开
SA2-1	−	+
SA2-2	+	−
SA2-3	−	+

表5-4（e）　主轴换刀制动开关

位置 触头	接通	断开
SA1-1	+	−
SA1-2	−	+

动一动

现场观摩，熟悉 X62W 型卧式万能铣床。

1. 观摩 X62W 型卧式万能铣床

仔细观察 X62W 型卧式万能铣床的基本操作方法及正常工作状态，记录操作步骤及工作状态：

_____

_____

_____

_____

_____

2. 操作 X62W 型卧式万能铣床

练习 X62W 型卧式万能铣床的基本操作，体验铣床操作方法。

为加深对 X62W 型卧式万能铣床结构、各手柄的作用、元器件位置、机械与电气的联合动作及对铣床操作的认识，主要对以下内容进行了解：

（1）在练习过程中要学会识别 X62W 型卧式万能铣床的主要部件，清楚元器件位置及线路布线走向。

（2）观察主轴停车制动、变速冲动的动作过程，观察两地启动停止操作、工作台快速移动控制。

（3）细心观察并体会工作台与主轴之间的联锁关系，纵向操纵、横向操纵与垂直操纵之间的联锁关系，变速冲动与工作台自动进给的联锁关系，圆工作台与工作台自动进给的联锁关系。

（4）在教师指导下操作 X62W 型卧式万能铣床。

练一练

一、填空题

1. X62W 型卧式万能铣床铣头上安装或换下铣刀时，主轴必须在制动状态，电路中用开关_____来实现。

2. X62W 型卧式万能铣床在加工过程中不需要频繁变换主轴的旋转方向，因此用_____来控制主轴电动机的正反转。

3. X62W 型卧式万能铣床主轴电动机 M1 和冷却泵电动机 M3 在主电路中实现_____控制。

4. X62W 型卧式万能铣床的主运动和进给运动都是通过_____来进行变速的。

5. X62W 型卧式万能铣床工作台能在_____、_____和_____6 个方向上进给。

6.X62W 型卧式万能铣床通过操纵手柄并同时操作____与____部分，通过机电的紧密配合完成预定的操作，是机械与电气结构联合动作的典型控制系统。

7.X62W 型卧式万能铣床共用了三台电动机，分别是____、____、____。

8.X62W 型卧式万能铣床工作台的快速移动是通过两个____和____配合实现的。

9.X62W 型卧式万能铣床圆工作台的工作由转换开关____控制。

10.X62W 型卧式万能铣床主轴电动机 M1 和冷却泵电动机 M3 在主电路中实现____控制。

二、判断题

（　　）1.X62W 型卧式万能铣床工作台的进给与主轴启动没有关系。

（　　）2.X62W 型卧式万能铣床电气控制线路中设置变速冲动是为了使变速时齿轮能很好啮合。

（　　）3.X62W 型卧式万能铣床电气控制线路中，冷却泵电动机可随时启动。

（　　）4.X62W 型卧式万能铣床主轴电动机工作时有异常气味或冒烟等情况应立即停车检查。

（　　）5.X62W 型卧式万能铣床电气控制线路中，SQ2 是主轴变速冲动开关。

（　　）6.X62W 型卧式万能铣床电气控制线路中，工作台快速移动是自锁控制。

（　　）7.X62W 型卧式万能铣床电气控制线路中，6 个方向的进给运动同时只能有一种运动产生。

（　　）8.X62W 型卧式万能铣床的顺铣和逆铣加工是通过主轴电动机 M1 的正反转来实现的。

（　　）9. 为了提高工作效率，X62W 型卧式万能铣床要求主轴和进给能同时启动和停止。

（　　）10.X62W 型卧式万能铣床的三台电动机中的任意一台过载，三台电动机都将同时停止工作。

（　　）11.X62W 型卧式万能铣床圆工作台工作时，允许工作台有 6 个方向的进给运动。

（　　）12.X62W 型卧式万能铣床工作台的快速移动是由专门的电动机拖动的。

（　　）13.X62W 型卧式万能铣床进给变速冲动控制是通过变速手柄与冲动位置开关 SQ 配合实现的。

（　　）14.X62W 型卧式万能铣床圆工作台加工不需要调速，也不要求正反转。

（　　）15.X62W 型卧式万能铣床进给操纵手柄被置于某一方向后，电动机 M2 只能朝一个方向旋转，其传动链也只能与一根丝杆搭合。

三、选择题

1.X62W 型卧式万能铣床的操作方法是（　　）。

A.全用按钮　　　　　B.全用手柄　　　　　C.既有按钮又有手柄

2. X62W 型卧式万能铣床主轴电动机正反转用倒顺开关控制是因为（　　）。

A. 节省电器　　　　　　　B. 正反转不频繁　　　　　C. 操作方便

3. X62W 型卧式万能铣床工作台进给没有采取制动措施，是因为（　　）。

A. 惯性小　　　　　　　　B. 速度不高且用丝杆传动　　　　C. 有机械制动

4. X62W 型卧式万能铣床主轴电动机 M1 的制动采用（　　）。

A. 反接制动　　　　　　　B. 电磁抱闸制动　　　　　　　　C. 电磁离合器制动

5. X62W 型卧式万能铣床圆工作台的回转运动是由（　　）经传动机构驱动的。

A. 主轴电动机 M1　　　　　B. 进给电动机 M2　　　　　C. 冷却泵电动机 M3

6. 如果 X62W 型卧式万能铣床主轴未启动，那么工作台（　　）。

A. 不能有任何进给　　　　B. 可以进给　　　　　　　　C. 可以快速进给

7. 在操纵 X62W 型卧式万能铣床时，当左右进给操纵手柄扳向右端时，将压合行程开关（　　）。

A. SQ1　　　　　　　　B. SQ2　　　　　　　　C. SQ3

D. SQ4　　　　　　　　E. SQ5　　　　　　　　F. SQ6

8. 在操纵 X62W 型卧式万能铣床时，当上下、前后进给操纵手柄扳向上端时，将压合行程开关（　　）。

A. SQ1　　　　　　　　B. SQ2　　　　　　　　C. SQ3

D. SQ4　　　　　　　　E. SQ5　　　　　　　　F. SQ6

9. X62W 型卧式万能铣床为了工作可靠，电磁离合器 YC1、YC2、YC3 采用了（　　）电源。

A. 直流　　　　　　　　B. 交流　　　　　　　　C. 高频交流

10. X62W 型卧式万能铣床工作台的进给和快速移动，必须在主轴启动后才允许进行，这是为了（　　）。

A. 安全需要　　　　　　　B. 加工工艺需要　　　　　　C. 电路安装的需要

四、识读电气原理图，分析工作原理

1. 请根据原理图电源部分内容回答下列问题。

引导问题 1：主电路采用什么样的供电方式，其电压为多少？

_____

引导问题 2：主轴制动电路采用什么样的供电方式，其电压为多少？

_____

引导问题 3：照明电路采用什么样的供电方式，其电压各为多少？

_____

引导问题 4：主轴控制电路和工作台控制电路采用什么样的供电方式，其电压各为多少？

引导问题 5：主电路和辅助电路中各供电电路采用了什么保护措施？保护器件是哪个？

引导问题 6：变压器 TC 和 T2 的作用是什么？请测量一、二次绕组电压与阻值并记录。

绕组名称				
电压值 / V				
阻值 / Ω				

2. 请根据原理图主电路部分内容回答下列问题。

引导问题 1：电路图中有几台电动机，各为什么作用？

引导问题 2：主电路中电动机使用了哪些保护？

引导问题 3：主轴电动机主要起什么作用？

引导问题 4：冷却泵电动机的作用是什么？

引导问题 5：进给电动机的作用是什么？

3. 请根据原理图辅助电路部分内容，查阅相关资料回答下列问题。

引导问题 1：主轴电动机电力拖动特点及控制要求是什么？

引导问题 2：冷却泵电动机电力拖动特点及控制要求是什么？

引导问题 3：进给电动机电力拖动特点及控制要求是什么？

引导问题 4：主轴电动机的控制电路由哪些器件组成，其控制电路工作原理是什么？

引导问题 5：冷却泵电动机的控制电路由哪些器件组成，其控制电路工作原理是什么？

引导问题 6：主拖动电动机与进给电动机有什么关系？由哪些器件来实现？

引导问题 7：进给电动机的控制电路由哪些器件组成，其控制电路工作原理是什么？

引导问题 8：电路中主轴制动和工作台快速移动由哪些器件实现？

引导问题 9：请小组将各成员分析的工作原理进行汇总、讨论，并展示。

五、模拟排故

1. 分析故障现象（教师假设故障点，学生根据原理分析故障现象）。

（1）根据教师给出的故障现象，结合原理分析故障现象。

（2）通电试车验证分析结果的正确性，并作记录。

故障点 1：

故障点 2：

2. 模拟排故。

（1）单故障排故（教师每次在排故台上设置 1 个故障，学生排故练习，额定工时：15 分钟），并回答以下问题。

故障现象：

根据原理分析故障范围：

检测结果：

故障排除情况：＿＿＿＿＿＿＿＿＿＿＿＿＿＿＿＿＿＿＿＿＿＿＿＿＿＿＿＿＿＿

＿＿＿＿＿＿＿＿＿＿＿＿＿＿＿＿＿＿＿＿＿＿＿＿＿＿＿＿＿＿＿＿＿＿＿＿＿

（2）双故障排故（教师每次在排故台上设置2～3个故障，学生排故练习，额定工时：20分钟），并回答以下问题。

故障1：

故障现象：＿＿＿＿＿＿＿＿＿＿＿＿＿＿＿＿＿＿＿＿＿＿＿＿＿＿＿＿＿＿＿＿

＿＿＿＿＿＿＿＿＿＿＿＿＿＿＿＿＿＿＿＿＿＿＿＿＿＿＿＿＿＿＿＿＿＿＿＿＿

根据原理分析故障范围：＿＿＿＿＿＿＿＿＿＿＿＿＿＿＿＿＿＿＿＿＿＿＿＿＿

＿＿＿＿＿＿＿＿＿＿＿＿＿＿＿＿＿＿＿＿＿＿＿＿＿＿＿＿＿＿＿＿＿＿＿＿＿

检测结果：＿＿＿＿＿＿＿＿＿＿＿＿＿＿＿＿＿＿＿＿＿＿＿＿＿＿＿＿＿＿＿＿

＿＿＿＿＿＿＿＿＿＿＿＿＿＿＿＿＿＿＿＿＿＿＿＿＿＿＿＿＿＿＿＿＿＿＿＿＿

故障排除情况：＿＿＿＿＿＿＿＿＿＿＿＿＿＿＿＿＿＿＿＿＿＿＿＿＿＿＿＿＿＿

＿＿＿＿＿＿＿＿＿＿＿＿＿＿＿＿＿＿＿＿＿＿＿＿＿＿＿＿＿＿＿＿＿＿＿＿＿

故障2：

故障现象：＿＿＿＿＿＿＿＿＿＿＿＿＿＿＿＿＿＿＿＿＿＿＿＿＿＿＿＿＿＿＿＿

＿＿＿＿＿＿＿＿＿＿＿＿＿＿＿＿＿＿＿＿＿＿＿＿＿＿＿＿＿＿＿＿＿＿＿＿＿

根据原理分析故障范围：＿＿＿＿＿＿＿＿＿＿＿＿＿＿＿＿＿＿＿＿＿＿＿＿＿

＿＿＿＿＿＿＿＿＿＿＿＿＿＿＿＿＿＿＿＿＿＿＿＿＿＿＿＿＿＿＿＿＿＿＿＿＿

检测结果：＿＿＿＿＿＿＿＿＿＿＿＿＿＿＿＿＿＿＿＿＿＿＿＿＿＿＿＿＿＿＿＿

＿＿＿＿＿＿＿＿＿＿＿＿＿＿＿＿＿＿＿＿＿＿＿＿＿＿＿＿＿＿＿＿＿＿＿＿＿

故障排除情况：＿＿＿＿＿＿＿＿＿＿＿＿＿＿＿＿＿＿＿＿＿＿＿＿＿＿＿＿＿＿

＿＿＿＿＿＿＿＿＿＿＿＿＿＿＿＿＿＿＿＿＿＿＿＿＿＿＿＿＿＿＿＿＿＿＿＿＿

温馨提示

（1）在低压设备上的检修工作，必须事先汇报教师，经教师同意后才可进行。

（2）现场工作开始前，应检查安全措施是否符合要求，运行设备及检修设备是否明确分开，严防误操作。

（3）工作时，必须严格按照停电、验电、放电、挂停电牌的安全技术步骤进行操作。

（4）检修时，拆下的各零件要集中摆放，拆各接线前，必须将接线顺序及线号记好，避免出现接线错误。测量时，一般以自然断点为界，将电路分为上下两部分进行（电路的常开环节就是典型的自然断点）。在检修时如果出现被测线路都正常的情况，此时就应该查找元器件。

（5）严禁带电作业。

（6）检修完毕，经全面检查无误后将隔离刀闸送上，试运转后，将结果汇报教师，并做好检修记录。

教学
活动四

任务实施

学习目标

（1）能正确识读 X62W 型卧式万能铣床电气图，包括原理图、电气接线图；

（2）能根据 X62W 型卧式万能铣床的故障现象及电气原理图分析故障原因，确定故障范围；

（3）借助一定的工具、仪表，能检测、确定故障点，并最终排除铣床的电气故障；

（4）能与教师、同学有效沟通，有团队合作精神，有良好的职业习惯；

（5）能按 7S 要求整理工作现场。

学习场地

金加工实训室。

学习时间

2 课时。

教学过程

1. 向车床操作工人询问故障产生情况并记录于表 5-5

表5-5　故障产生情况记录表

购买时间	
使用记录	
以前出现过的故障	
维修情况	
维修时间	
本次故障现象 （与操作人员交流获取）	

2. 直观检查故障情况，并作记录

_____

_____

_____

3. 通电试车观察故障现象，并作记录

_____

_____

_____

4. 结合原理分析并确定故障范围

故障范围：

_____

_____

_____

5. 检测确定故障点，并排除故障

故障点：

_____

_____

_____

6. 按 7S 要求整理工作现场

教学活动五　　任务验收

学习目标

（1）能与教师、同学有效沟通，有团队合作精神，有良好的职业素养；

（2）能正确填写设备报修验收单。

学习场地

金加工实训室。

学习时间

2 课时。

教学过程

各小组填写设备报修验收单，见表 5-6。

表5-6　金华市技师学院设备报修验收单

报修记录						
报修部门		报修人		报修时间		
报修级别	特急□ 急□ 一般□		希望完工时间		年　月　日以前	
故障设备		设备编号		故障时间		
故障状况						
维修记录						
接单人及时间			预定完工时间			
故障原因						
维修类别		小修□　　中修□　　大修□				
维修情况						
维修起止时间			工时总计			
耗用材料名称	规格	数量	耗用材料名称		规格	数量
维修人员建议						
验收记录						
验收部门	维修开始时间		完工时间			
	维修结果				验收人：　　日期：	
	设备部门				验收人：　　日期：	

注：本单一式两份，一联报修部门存根，一联交学校。

教学活动六　总结拓展

学习目标

（1）能正确解读学习任务评价表，公平公正进行自我评价及小组互评；

（2）能与老师同学有效沟通，有团队合作精神，有良好的职业素养；

（3）能总结学习过程中的经验与教训，指导今后的学习与工作，能撰写工作总结；

（4）能进行知识拓展，通过自我学习拓展检修相关类型铣床的能力。

学习场地

电工模拟排故室一。

学习时间

2 课时。

教学过程

一、小组展示学习成果

每小组派一名代表讲解本组负责检修车床的故障现象，逻辑分析得出的故障范围，检测结果及故障排除情况，自我评定学习任务评价表中各项成绩，填写表5-7，并说明理由。

二、小组互评学习任务完成情况

为评价表中的每项评分，并说明理由。

三、教师评价

教师根据各小组任务完成情况给出各小组本任务综合成绩。

四、撰写学习总结

各小组总结故障检修经验教训，撰写学习总结。

X62W型卧式万能铣床电气检修学习总结

五、交流铣床电气检修心得

小组派代表交流铣床故障检修心得，教师讲评本任务完成总体情况及典型案例。

记录典型经验及教训：

经验1：＿＿＿＿＿＿＿＿＿＿＿＿＿＿＿＿＿＿＿＿＿＿＿＿＿

＿＿＿＿＿＿＿＿＿＿＿＿＿＿＿＿＿＿＿＿＿＿＿＿＿＿＿＿＿

＿＿＿＿＿＿＿＿＿＿＿＿＿＿＿＿＿＿＿＿＿＿＿＿＿＿＿＿＿

经验2：＿＿＿＿＿＿＿＿＿＿＿＿＿＿＿＿＿＿＿＿＿＿＿＿＿

＿＿＿＿＿＿＿＿＿＿＿＿＿＿＿＿＿＿＿＿＿＿＿＿＿＿＿＿＿

＿＿＿＿＿＿＿＿＿＿＿＿＿＿＿＿＿＿＿＿＿＿＿＿＿＿＿＿＿

经验3：＿＿＿＿＿＿＿＿＿＿＿＿＿＿＿＿＿＿＿＿＿＿＿＿＿

＿＿＿＿＿＿＿＿＿＿＿＿＿＿＿＿＿＿＿＿＿＿＿＿＿＿＿＿＿

＿＿＿＿＿＿＿＿＿＿＿＿＿＿＿＿＿＿＿＿＿＿＿＿＿＿＿＿＿

教训1：＿＿＿＿＿＿＿＿＿＿＿＿＿＿＿＿＿＿＿＿＿＿＿＿＿

＿＿＿＿＿＿＿＿＿＿＿＿＿＿＿＿＿＿＿＿＿＿＿＿＿＿＿＿＿

＿＿＿＿＿＿＿＿＿＿＿＿＿＿＿＿＿＿＿＿＿＿＿＿＿＿＿＿＿

教训2：＿＿＿＿＿＿＿＿＿＿＿＿＿＿＿＿＿＿＿＿＿＿＿＿＿

＿＿＿＿＿＿＿＿＿＿＿＿＿＿＿＿＿＿＿＿＿＿＿＿＿＿＿＿＿

＿＿＿＿＿＿＿＿＿＿＿＿＿＿＿＿＿＿＿＿＿＿＿＿＿＿＿＿＿

教训3：＿＿＿＿＿＿＿＿＿＿＿＿＿＿＿＿＿＿＿＿＿＿＿＿＿

＿＿＿＿＿＿＿＿＿＿＿＿＿＿＿＿＿＿＿＿＿＿＿＿＿＿＿＿＿

六、知识拓展

（1）X62W 型卧式万能铣床电气线路常见故障分析。

①故障现象：主轴电动机 M1 不能启动。

原因分析：

②故障现象：主轴电动机不能制动。

原因分析：

③故障现象：主轴电动机的运转正常，工作台不能运行。

原因分析：

④故障现象：工作台进给电动机不能运转

原因分析：

（2）学生利用课外时间收集其他型号铣床电气原理图，分析工作原理，练习故障原因。

表5-7 学习任务评价表

班级：_____ 姓名：_____ 学号：_____ 任务名称：_____

序号	考核内容		考核要求	评分标准	配分	自我评价（10%）	小组互评（40%）	教师评价（50%）
1	职业素养	劳动纪律	按时上下课，遵守实训现场规章制度	上课迟到、早退、不服从指导教师管理，或不遵守实训现场规章制度扣1~5分	5			
		工作态度	认真完成学习任务，主动钻研专业技能	上课学习不认真，不能主动完成学习任务扣1~5分	5			
		职业规范	遵守电工操作规程及规范及现场管理规定	1.不遵守电工操作规程及规范扣1~10分 2.不能按规定整理工作现场扣1~5分	10			
2	明确任务		填写工作任务相关内容	工作任务内容填写有错扣1~5分	5			
3	制订计划		计划合理、可操作	计划制订不合理、可操作性差扣1~5分	5			
4	工作准备		掌握完成工作需具备的知识技能	按照回答的准确性及完成程度评分	20			
5	任务实施	调查研究	对每个故障现象进行调查研究	1.排除故障前不进行调查研究，扣5分 2.故障调查研究不充分扣3分	5			
		故障分析	在电气控制线路上分析故障可能的原因，思路正确	1.错标或标不出故障范围，每个故障点扣5分 2.不能标出最小的故障范围，每个故障点扣3分	10			
		故障排除	正确使用工具和仪表，找出故障点并排除故障	1.实际排除故障中思路不清楚，每个故障点扣3分 2.每少查出一个故障点扣5分 3.每少排除一个故障点扣3分 4.排除故障方法不正确，每处扣5分	10			
		其他	操作有误，要从此项总分中扣分	1.排除故障时产生新的故障后不能自行修复，每个扣3分；已经修复，每个扣1分 2.损坏主要电气元件扣5分	5			
		回答问题	理解原理相关问题，清楚主要元件的作用，控制环节的动作过程及相应控制回路的电流通路	不能正确回答问题，扣1~5分	5			

序号	考核内容	考核要求	评分标准	配分	自我评价（10%）	小组互评（40%）	教师评价（50%）
6	团队合作	小组成员互帮互学，相互协作	团队协作效果差扣 1~5 分	5			
7	创新能力	能独立思考，有分析解决实际问题能力	1. 工作思路、方法有创新，酌情加分 2. 工作总结到位，酌情加分	10			
备注	各子项目评分时不倒扣分		合计	100			
			综合成绩				
			指导教师综合评价	指导教师签名： 年　月　日			

任务六

20/5t型桥式起重机
电气控制线路及其检修

工作任务单

学习任务描述

20/5t 型桥式起重机是一种应用极为广泛的起吊设备。学校的起重机由于使用频率高，经常出现电气故障，机电工程系要求电气教研组承担起重机检修任务，电气教研组将本学期起重机检修任务交给电气班，要求他们在 2 天内完成起重机的电气检修任务，机床检修必须按照电气设备检修要求进行，检修过程中的电工操作应符合《GB 50254—2014 电气装置安装工程低压电器施工及验收规范》。起重机检修完成后电气控制系统应满足起重机原有的机械性能要求，保证起重机可靠安全工作，并交付指导教师及车床管理责任人验收，协作通知单回执联在车床管理责任人签字后上交学校。

任务通知单如下：

金华市技师学院维修通知单

存根联： №：

报修部门	数控技术教研组	报修人员	
维修地点	车工实训室		
通知时间		应完成时间	
维修（加工）内容	3#、6#、15# 主钩不能启动，7#、22# 照明灯不亮		

金华市技师学院实训处协作通知单

通知联： №：

协作部门	□数控教研组　☑电气教研组　□机电教研组　□模具教研组		
报修部门	数控技术教研组		
维修地点	实训室	报修人员	
通知时间		应完成时间	
维修（加工）内容	3#、6#、15# 主钩不能启动，7#、22# 照明灯不亮 　　　　　　　　　　　　　　　　　　教研组主任签名：		
备注	1. 教研组及时安排好协作人员 2. 协作人员收到此单后，需按规定时间完成 3. 协作人员工作完毕，认真填好验收单，请使用人员验收签名后交回学校		

学习目标

完成本教学任务后，学生能正确识读 20/5t 型桥式起重机电气原理图，能按故障检修的一般方法步骤分析同难度相同类型起重机的电气故障原因，确定故障范围，并最终确定故障点及排除故障。

（1）能正确识读 20/5t 型桥式起重机电气图，包括原理图、电气接线图；

（2）能按电气设备日常维护保养内容及要求对电动机、常用控制设备进行维护保养；

（3）能根据机床的故障现象及电气原理图分析故障原因，确定故障范围；

（4）能借助仪表及合理的方法检测并确定故障点；

（5）能按电气故障检修要求及电工操作规范排除故障；

（6）能与教师、同学有效沟通，有团队合作精神，有良好的职业习惯；

（7）能按 7S 要求清理工作现场。

学习时间

14 课时。

工作流程与活动：

教学活动一：明确任务（1 课时）；

教学活动二：制订计划（1 课时）；

教学活动三：工作准备（6 课时）；

教学活动四：任务实施（2 课时）；

教学活动五：任务验收（2 课时）；

教学活动六：总结拓展（2 课时）。

学习地点

电工模拟排故室二，实训室。

学材

《常用机床电气检修》教材，学生学习工作页，电工安全操作规程，《GB 50254—2014 电气装置安装工程低压电器施工及验收规范》。

教学活动一 明确任务

学习目标

能阅读"20/5t 型桥式起重机维修"工作任务单，明确工时、工作任务等信息，熟悉电气设备维修的一般要求。

学习场地

电工模拟排故室二。

学习时间

1 课时。

教学过程

填写任务要求明细表 6-1。

表6-1 任务要求明细表

报修记录					
报修部门		报修人		报修时间	
报修级别	特急□ 急□ 一般□		希望完工时间	年 月 日以前	
故障设备			设备编号		
故障状况					
接单人及时间			预定完工时间		
电气设备检修维护保养的一般要求					

制订计划

教学活动二

学习目标

能进行人员分组，能根据学习任务制订学习计划。

学习场地

电工模拟排故室二。

学习时间

1 课时。

教学过程

一、学生分组

在教师指导下，自选组长，由组长与班里同学协商，组成学习小组，确定小组名称及小组各成员的职责，填写小组成员及职责表 6-2。

表6-2 小组成员及职责表

小组名：_____

小组成员	姓名	职责
组长		
安全员		
工具员		
材料员		
组员		
组员		

二、制订工作计划

根据工作任务制订工作计划，并填写 20/5t 型桥式起重机电气检修工作计划表 6-3。

表6-3　20/5t型桥式起重机电气检修工作计划表

序号	工作内容	工期	人员安排	地点	备注

教学活动三　工作准备

学习目标

（1）能正确识读 20/5t 型桥式起重机电气图，包括原理图、电气接线图；

（2）能根据机床的故障现象及电气原理图分析故障原因，确定故障范围；

（3）初步掌握 20/5t 型桥式起重机电气检修方法步骤；

（4）能与教师、同学有效沟通，有团队合作精神，有良好的职业习惯。

学习场地

电工模拟排故室二。

学习时间

6 课时。

教学过程

学一学

桥式起重机又称为天车、行车或吊车，用于吊起或下放重物并使重物在短距离内移动。起重机按结构分为桥式、塔式、门式、旋转式和缆索式等，20/5t型桥式起重机是一种电动双梁式吊车，广泛用于车间内重物的起吊搬运。

一、20/5t型桥式起重机结构及特点分析

1.20/5t型桥式起重机的主要结构及运动形式

桥式起重机的结构示意图如图6-1所示。

图6-1 桥式起重机结构示意图

桥式起重机的桥架机构主要由大车和小车组成，主钩（20t）和副钩（5t）组成提升机构。大车的轨道敷设在沿车间两侧的立柱上，大车可在轨道上沿车间纵向移动；大车上有小车轨道，供小车横向移动；主钩和副钩都装在小车上，主钩用来提升重物，副钩除可提升轻物外，在其额定负载范围内也可协同主钩完成工件吊运，但不允许主、副钩同时提升两个物件。每个吊钩在单独工作时均只能起吊重量不超过额定重量的重物；当主、副钩同时工作时，物件重量不允许超过主钩起重量。这样，起重机可以在大车能够行走的整个车间范围内进行起重运输。

2.20/5t型桥式起重机的供电特点

桥式起重机的电源电压为380V，由公共的交流电源供给，由于起重机在工作时是经常移动的，并且大车与小车之间、大车与厂房之间都存在着相对运动，因此，要采用可移动的电源设备供电。一种是采用软电缆供电，软电缆可随大、小车的移动而伸展和叠卷，多用于小型起重机（一般10t以下）；另一种常用的方法是采用滑触线和集电刷供电。三根主滑触线沿着平行于大车轨道的方向敷设在车间厂房的一侧，三相交流电源经由三根主滑触线与滑动的集电刷，引进起重机驾驶室内的保护控制柜，再从保护控制柜引出两相电

源至凸轮控制器，另一相称为电源的公用相，它直接从保护控制柜接到各电动机的定子接线端。另外，为了便于供电及各电气设备间的连接，在桥架的另一侧装设了21根辅助滑触线（如图6-2所示）。它们的作用是：用于主钩部分10根，3根（13、14区）连接主钩电动机M5的定子绕组（5U、5V、5W）接线端；3根（13、14区）连接转子绕组与转子附加电阻5R；主钩电磁抱闸制动器YB5、YB6接交流磁力控制屏2根（15、16区）；主钩上升位置开关SQ5接交流磁力屏与主令控制器2根（21区）。用于副钩部分6根，其中3根（3区）连接副钩电动机M1的转子绕组与转子附加电阻1R；2根（3区）连接定子绕组（1U、1W）接线端与凸轮控制器AC1；另1根（8区）将副钩上升位置开关SQ6接在交流保护柜上。用于小车部分5根，其中3根（4区）连接小车电动机M2的转子绕组与转子附加电阻2R；2根（4区）连接M2定子绕组（2U、2W）接线端与凸轮控制器AC2。

滑触线通常采用角钢、圆钢、V形钢或工字钢等刚性导体制成。

3. 20/5t型桥式起重机对电力拖动的要求

（1）由于桥式起重机工作环境比较恶劣，不但在多灰尘、高温、高湿度下工作，而且经常在重载下进行频繁启动、制动、反转、变速等操作，要承受较大过载和机械冲击。因此，要求电动机具有较高的机械强度和较大的过载能力，同时还要求电动机的启动转矩大、启动电流小，故多选用绕线转子异步电动机拖动。

（2）由于起重机的负载为恒转矩负载，所以采用恒转矩调速。当改变转子外接电阻时，电动机便可获得不同转速。但转子中加电阻后，其机械特性变软，一般重载时，转速可降低到额定转速的50%～60%。

（3）要有合理的升降速度，空载、轻载要求速度快，以减少辅助工时；重载时要求速度慢。

（4）提升开始或重物下降到预定位置附近时，都需要低速，所以在30%额定速度内应分成几挡，以便灵活控制。

4. 20/5t型桥式起重机电气设备及控制、保护装置

桥式起重机的大车桥架跨度一般较大，两侧装置两个主动轮，分别由两台同规格电动机M3和M4拖动，沿大车轨道纵向两个方向同速运动。小车移动机构由一台电动机M2拖动，沿固定在大车桥架上的小车轨道横向两个方向运动。主钩升降由一台电动机M5拖动。副钩升降由一台电动机M1拖动。

电源总开关为QS1；凸轮控制器AC1、AC2、AC3分别控制副钩电动机M1、小车电动机M2、大车电动机M3、M4；主令控制器AC4配合交流磁力控制屏（PQR）完成对主钩电动机M5的控制。

整个起重机的保护环节由交流保护控制柜（GQR）和交流磁力控制屏（PQR）来实现。各控制电路均用熔断器 FU1、FU2 作为短路保护；总电源及各台电动机分别采用过电流继电器 KA0、KA1、KA2、KA3、KA4、KA5 实现过载和过流保护；为了保障维修人员的安全，在驾驶室舱门盖上装有安全开关 SQ7；在横梁两侧栏杆门上分别装有安全开关 SQ8、SQ9；为了在发生紧急情况时操作人员能立即切断电源，防止事故扩大，在保护柜上还装有一只单刀单掷的紧急开关 QS4。上述各开关在电路中均使用常开触头，与副钩、小车、大车的过电流继电器及总过流继电器的常闭触头相串联，这样，当驾驶室舱门或横梁栏杆门开启时，主接触器 KM 线圈不能获电运行，或在运行中也会断电释放，使起重机的全部电动机都不能启动运转，保证了人身安全。

电源总开关 QS1、熔断器 FU1 与 FU2、主接触器 KM、紧急开关 QS4 以及过电流继电器 KA0 ～ KA5 都安装在保护柜上。保护柜、凸轮控制器及主令控制器均安装在驾驶室内，以便于司机操作。

起重机各移动部分均采用位置开关作为行程限位保护，它们分别是：位置开关 SQ1、SQ2 是小车横向限位保护；位置开关 SQ3、SQ4 是大车纵向限位保护；位置开关 SQ5、SQ6 分别作为主钩和副钩提升的限位保护。当移动部件的行程超过极限位置时，利用移动部件上的挡铁压开位置开关，使电动机断电并制动，保证了设备的安全运行。起重机上的移动电动机和提升电动机均采用电磁抱闸制动器制动，它们分别是：副钩制动用 YB1；小车制动用 YB2；大车制动用 YB3 和 YB4；主钩制动用 YB5 和 YB6。其中 YB1 ～ YB4 为两相电磁铁，YB5 和 YB6 为三相电磁铁。当电动机通电时，电磁抱闸制动器的线圈获电，使闸瓦与闸轮分开，电动机可以自由旋转；当电动机断电时，电磁抱闸制动器失电，闸瓦抱住闸轮使电动机被制动停转。

起重机轨道及金属桥架应当进行可靠的接地保护。

二、20/5t 型桥式起重机原理分析

20/5t 型桥式起重机的电气原理图和分合表如图 6-2 所示。

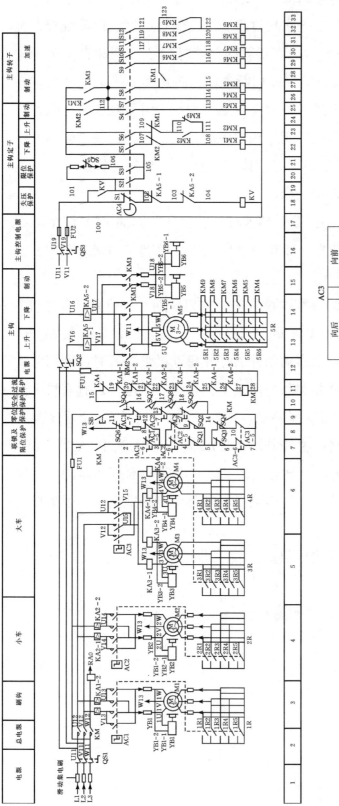

图6-2 20/5t型桥式起重机电气原理图和分合表

（a）副钩凸轮控制器触头分合表

（b）小车凸轮控制器触头分合表

（c）大车凸轮控制器触头分合表

（d）主令控制器触头分合表

×—表示触头闭合　　0—表示触头转向0位时闭合

20/5t 型桥式起重机电气控制线路分析：

1. 主接触器 KM 的控制

准备阶段：在起重机投入运行前，应将所有凸轮控制器手柄置于"0"位，零位联锁触头 AC1-7、AC2-7、AC3-7（均在 9 区）处于闭合状态。合上紧急开关 QS4（10 区），关好舱门和横梁栏杆门，使位置开关 SQ7、SQ8、SQ9 的常开触头（10 区）也处于闭合状态。

启动运行阶段：合上电源开关 QS1，按下保护控制柜上的启动按钮 SB（9 区），主接触器 KM 线圈（11 区）吸合，KM 主触头（2 区）闭合，使两相电源（U12、V12）引入各凸轮控制器，另一相电源（W13）直接引入各电动机定子接线端。此时由于各凸轮控制器手柄均在零位，故电动机不会运转。同时，主接触器 KM 两副常开辅助触头（7 区与 9 区）闭合自锁。当松开启动按钮 SB 后，主接触器 KM 线圈经 1—2—3—4—5—6—7—14—18—17—16—15—19—20—21—22—23—24 至 FU1 形成通路获电。

2. 凸轮控制器的控制

起重机的大车、小车和副钩电动机容量都较小，一般采用凸轮控制器控制。

由于大车被两台电动机 M3 和 M4 同时拖动，所以大车凸轮控制器 AC3 比 AC1 和 AC2 多用了 5 对常开触头，以供切除电动机 M4 的转子电阻 4R1 ~ 4R5 用。大车、小车和副钩的控制过程基本相同。下面以副钩为例，说明控制过程。

副钩凸轮控制器 AC1 共有 11 个位置，中间位置是零位，左、右两边各有 5 个位置，用来控制电动机 M1 在不同转速下的正、反转，即用来控制副钩的升、降。AC1 共用了 12 副触头，其中 4 对常开主触头控制 M1 定子绕组的电源，并换接电源相序以实现 M1 的正反转；5 对常开辅助触头控制 M1 转子电阻 1R 的切换；3 对常闭辅助触头作为联锁触头，其中 AC1-5 和 AC1-6 为 M1 正反转联锁触头，AC1-7 为零位联锁触头。

在主接触器 KM 线圈获电吸合，总电源接通的情况下，转动凸轮控制器 AC1 的手轮至向上的"1"位置时，AC1 的主触头 V13-1W 和 U13-1U 闭合，触头 AC1-5（8 区）闭合，AC1-6（7 区）和 AC1-7（9 区）断开，电动机 M1 接通三相电源正转（此时电磁抱闸 YB1 获电，闸瓦与闸轮已分开），由于 5 对常开辅助触头（2 区）均断开，故 M1 转子回路中串接全部附加电阻 1R 启动，M1 以最低转速带动副钩上升。转动 AC1 手轮，依次到向上的"2"~"5"位时，5 对常开辅助触头依次闭合，短接电阻 1R5 ~ 1R1，电动机 M1 的转速逐渐升高，直到预定转速。当凸轮控制器 AC1 的手轮转至向下挡位时，这时，由于触头 V13-1U 和 U13-1W 闭合，接入电动机 M1 的电源相序改变，M1 反转，带动副钩下降。

若断电或将手轮转至"0"位时，电动机 M1 断电，同时电磁抱闸制动器 YB1 也断电，M1 被迅速制动停转。副钩带有重负载时，考虑到负载的重力作用，在下降负载时，应先把手轮逐级扳到"下降"的最后一挡，然后根据速度要求逐级退回升速，以免因快速下降而造成事故。

3. 主令控制器的控制

主钩电动机是桥式起重机容量最大的一台电动机，一般采用主令控制器配合磁力控制屏进行控制，即用主令控制器控制接触器，再由接触器控制电动机。为提高主钩电动机运行的稳定性，在切除转子附加电阻时，采取三相平衡切除，使三相转子电流平衡。

主钩运行有升、降两个方向，主钩上升与凸轮控制器的工作过程基本相似，区别仅在于它是通过接触器来控制的。

主钩下降时与凸轮控制器控制的动作过程有较明显的差异。主钩下降有 6 挡位置。"J""1""2" 挡为制动下降位置，防止在吊有重载下降时速度过快，电动机处于倒拉反接制动运行状态；"3""4""5" 挡为强力下降位置，主要用于轻负载时快速强力下降。主令控制器在下降位置时，6 个挡次的工作情况如下：

合上电源开关 QS1（1 区）、QS2（12 区）、QS3（16 区），接通主电路和控制电路电源，主令控制器 AC4 手柄置于零位，触头 S1（18 区）处于闭合状态，电压继电器 KV 线圈（18 区）获电吸合，其常开触头（19 区）闭合自锁，为主钩电动机 M5 启动控制做好准备。

（1）手柄扳到制动下降位置 "J" 挡。由主令控制器 AC4 的触头分合表（如图 6-2 中 d 所示）可知，此时常闭触头 S1（18 区）断开，常开触头 S3（21 区）、S6（23 区）、S7（26 区）、S8（27 区）闭合。触头 S3 闭合，位置开关 SQ5（21 区）串入电路起上升限位保护；触头 S6 闭合，提升接触器 KM2 线圈（23 区）获电，KM2 联锁触头（22 区）分断对 KM1 联锁，KM2 主触头（13 区）和自锁触头（23 区）闭合，电动机 M5 定子绕组通入三相正序电压，KM2 常开辅助触头（25 区）闭合，为切除各级转子电阻 5R 的接触器 KM4～KM9 和制动接触器 KM3 接通电源作准备；触头 S7、S8 闭合，接触器 KM4（26 区）和 KM5（27 区）线圈获电吸合，KM4 和 KM5 常开触头（13 区、14 区）闭合，转子切除两级附加电阻 5R6 和 5R5。这时，尽管电动机 M5 已接通电源，但由于主令控制器的常开触头 S4（25 区）未闭合，接触器 KM3（25 区）线圈不能获电，故电磁抱闸制动器 YB5、YB6 线圈也不能获电，制动器未释放，电动机 M5 仍处于抱闸制动状态，因而电动机虽然加正序电压产生正向电磁转矩，电动机 M5 也不能启动旋转。这一挡是下降准备挡，将齿轮等传动部件啮合好，以防下放重物时突然快速运动而使传动机构受到剧烈的冲击。手柄置于 "J" 挡时，时间不宜过长，以免烧坏电气设备。

（2）手柄扳到制动下降位置 "1" 挡。此时主令控制器 AC4 的触头 S3、S4、S6、S7 闭合。触头 S3 和 S6 仍闭合，保证串入提升限位开关 SQ5 和正向接触器 KM2 通电吸合；触头 S4 和 S7 闭合，使制动接触器 KM3 和接触器 KM4 获电吸合，电磁抱闸制动器 YB5 和 YB6 的抱闸松开，转子切除一级附加电阻 5R6。这时电动机 M5 能自由旋转，运转于正向电动状态（提升重物）或倒拉反接制动状态（低速下放重物）。当重物产生的负载倒拉力矩大于电动机产生的正向电磁转矩时，电动机 M5 运转在负载倒拉反按制动状态，低速下放重物；反之，则重物不但不能下降反而被提升，这时必须把 AC4 的手柄迅速扳到下一挡。

接触器 KM3 通电吸合时，与 KM2 和 KM1 常开触头（25 区、26 区）并联的 KM3 的自锁触头（27 区）闭合自锁，以保证主令控制器 AC4 进行制动下降"2"挡和强力下降"3"挡切换时，KM3 线圈仍通电吸合，YB5 和 YB6 处于非制动状态，防止换挡时出现高速制动而产生强烈的机械冲击。

（3）手柄扳到制动下降位置"2"挡。此时主令控制器触头 S3、S4、S6 仍闭合，触头 S7 分断，接触器 KM4 线圈断电释放，附加电阻全部接入转子回路，使电动机产生的电磁转矩减小，重负载下降速度比"1"挡时加快。这样，操作者可根据重负载情况及下降速度要求，适当选择"1"挡或"2"挡下降。

（4）手柄扳到强力下降位置"3"挡。主令控制器 AC4 的触头 S2、S4、S5、S7、S8 闭合。触头 S2 闭合，为下面通电作准备，因为"3"挡为强力下降，这时提升位置开关 SQ5（21区）失去保护作用，控制电路的电源通路改由触头 S2 控制；触头 S5 和 S4 闭合，反向接触器 KM1 和制动接触器 KM3 获电吸合，电动机 M5 定子绕组接入三相负序电压，电磁抱闸 YB5 和 YB6 的抱闸松开，电动机 M5 产生反向电磁转矩；触头 S7 和 S8 闭合，接触器 KM4 和 KM5 获电吸合，转子中切除两级电阻 5R6 和 5R5。这时，电动机 M5 运转在反转电动状态（强力下降重物），且下降速度与负载重量有关。若负载较轻（空钩或轻载），则电动机 M5 处于反转电动状态；若负载较重，下放重物的速度很高，使电动机转速超过同步转速，则电动机 M5 将进入再生发电制动状态。负载越重，下降速度越大，应注意操作安全。

（5）手柄扳到强力下降位置"4"挡。主令控制器 AC4 的触头除"3"挡闭合外，又增加了触头 S9 闭合，接触器 KM6（29 区）线圈获电吸合，转子附加电阻 5R4 被切除，电动机 M5 进一步加速运动，轻负载下降速度变快。另外，KM6 常开辅助触头（30 区）闭合，为接触器 KM7 线圈获电作准备。

（6）手柄扳到强力下降位置"5"挡。主令控制器 AC4 的触头除"4"挡闭合外，又增加了触头 S10、S11、S12 闭合，接触器 KM7 ～ KM9 线圈依次获电吸合（因在每个接触器的支路中，串接了前一个接触器的常开触头），转子附加电阻 5R3、5R2、5R1 依次逐级切除，以避免过大的冲击电流，同时电动机 M5 旋转速度逐渐增加，待转子电阻全部切除后，电动机以最高转速运行，负载下降速度最快。此挡若负载很重，使实际下降速度超过电动机的同步转速时，电动机进入再生发电制动状态，电磁转矩变成制动力矩，保证了负载的下降速度不致太快，且在同一负载下，"5"挡下降速度要比"4"和"3"挡速度低。

结论：主令控制器 AC4 手柄置于制动下降位置"J""1""2"挡时，电动机 M5 加正序电压。其中"J"挡为准备挡，当负载较重时，"1"挡和"2"挡电动机都运转在负载倒拉反接制动状态，可获得重载低速下降，且"2"挡比"1"挡速度高。若负载较轻时，电动机会运转于正向电动状态，重物不但不能下降，反而会被提升。

当 AC4 手柄置于强力下降位置"3""4""5"挡时，电动机 M5 加负序电压。若负载较轻或空钩时，电动机工作在电动状态，强迫下放重物，"5"挡速度最高，"3"挡速度最低；若负载较重，则可以得到超过同步转速的下降速度，电动机工作在再生发电制动状态，且"3"挡速度最高，"5"挡速度最低。由于"3"和"4"挡的速度较高，很不安全，因而只能选用"5"挡速度。

接触器 KM9 自锁触头（33 区）与 KM1 常开辅助触头（28 区）串联支路的作用：保证主令控制器手柄由强力下降位置向制动下降位置转换时，接触器 KM9 线圈始终有电，只有手柄扳至制动下降位置后，接触器 KM9 线圈才断电，避免造成恶性事故。

串接在接触器 KM2 支路中的 KM2 常开触头（23 区）与 KM9 常闭触头（24 区）并联电路的作用：当接触器 KM 线圈断电释放后，只有在 KM9 线圈断电释放情况下，接触器 KM2 线圈才允许获电并自锁，这就保证了只有在转子电路中串接一定附加电阻的前提下，才能进行反接制动，以防止反接制动时造成直接启动而产生过大的冲击电流。

电压继电器 KV 实现主令控制器 AC4 的零位保护。

三、常见故障分析及排除

1. 各单元电路正常工作时电器元件的工作状态及动作顺序

通电试车准备工作：

AC1 ～ AC4 置零位，合上 SQ7、SQ8、SQ9；

依次合上 QS1、QS2、QS3 ⟶ 电压继电器 KV 动作吸合。

起动：按 SB 按钮 ⟶ 主接触器 KM 得电吸合。

副钩通电试车：

AC1 正反向逐挡旋转：YB1 亮，指示灯按顺序逐个亮。

（小车、大车通电步骤及元器件动作顺序与副钩相似）

主钩通电试车：

上升：YB5、YB6 得电释放。

1 挡：S3 闭合，S4 闭合 ⟶ KM3 得电吸合；S6 闭合 ⟶ KM2 得电吸合；S7 闭合 ⟶ KM4 得电吸合。

2 挡：KM2、KM3、KM4、KM5 得电吸合。

3 挡：KM2、KM3、KM4、KM5、KM6 得电吸合。

4 挡：KM2、KM3、KM4、KM5、KM6、KM7 得电吸合。

5 挡：KM2、KM3、KM4、KM5、KM6、KM7、KM8 得电吸合。

6 挡：KM2、KM3、KM4、KM5、KM6、KM7、KM8、KM9 得电吸合。

下降：

J挡：KM2、KM4、KM5得电吸合，YB5、YB6断电抱闸（反接制动加机械制动）。

1挡：YB5、YB6得电释放，KM2、KM3、KM4得电吸合；电动机反接制动。

2挡：YB5、YB6得电释放，KM2、KM3得电吸合；电动机反接制动。

3挡：YB5、YB6得电释放，KM1、KM3、KM4、KM5得电吸合；电动机强力下降。

4挡：YB5、YB6得电释放，KM1、KM3、KM4、KM5、KM6得电吸合；电动机强力下降。

5挡：YB5、YB6得电释放，KM1、KM3、KM4、KM5、KM6、KM7、KM8、KM9得电吸合；电动机切除全部电阻强力下降。

2. 故障分析举例

（1）合上电源总开关QS1并按下启动按钮SB后，主接触器KM不吸合。

产生这种故障的原因可能是：线路无电压；熔断器FU1熔断；紧急开关QS4或安全开关SQ7、SQ8、SQ9未合上；主接触器KM线圈断路；各凸轮控制器手柄没在零位，AC1-7、AC2-7、AC3-7触头分断；过电流继电器KA0～KA4动作后未复位。

（2）主接触器KM吸合后，过电流继电器KA0～KA4立即动作。

故障原因可能是：凸轮控制器AC1～AC3电路接地；电动机M1～M4绕组接地；电磁抱闸YB1～YB4线圈接地。

（3）电源接通转动凸轮控制器手轮后，电动机不启动。

故障原因可能是：凸轮控制器主触头接触不良；滑触线与集电环接触不良；电动机定子绕组或转子绕组断路；电磁抱闸线圈断路或制动器未放松。

（4）转动凸轮控制器后，电动机启动运转，但不能输出额定功率且转速明显减慢。

故障原因可能是：线路压降太大，供电质量差；制动器未全部松开；转子电路中的附加电阻未完全切除；机构卡住。

（5）制动电磁铁线圈过热。

故障原因可能是：电磁铁线圈的电压与线路电压不符；电磁铁工作时，动、静铁芯间的间隙过大；制动器的工作条件与线圈特性不符；电磁铁的牵引力过载。

（6）制动电磁铁噪声大。

故障原因可能是：交流电磁铁短路环开路；动、静铁芯端面有油污；铁芯松动；铁芯极面不平及变形；电磁铁过载。

（7）凸轮控制器在工作过程中卡住或转不到位。

故障原因可能是：凸轮控制器动触头卡在静触头下面；定位机构松动。

（8）主钩既不能上升又不能下降。

故障原因可能是：如欠电压继电器KV不吸合，可能是KV线圈断路，过电流继电器

KA5 未复位，主令控制器 AC4 零位联锁触头未闭合，熔断器 FU2 熔断；如欠电压继电器吸合，则可能是自锁触头未接通，主令控制器的触头 S2、S3、S4、S5 或 S6 接触不良，电磁抱闸制动器线圈开路未松闸。

（9）凸轮控制器在转动过程中火花过大。

故障原因可能是：动、静触头接触不良；控制容量过大。

动一动

现场观摩，熟悉 20/5t 型桥式起重机。

1. 观摩 20/5t 型桥式起重机基本操作

仔细观察 20/5t 型桥式起重机的基本操作方法及正常工作状态，记录操作步骤及工作状态：

_____

_____

_____

_____

_____

_____

2. 操作 20/5t 型桥式起重机

练习起重机基本操作，体验 20/5t 型桥式起重机操作方法。

为加深对桥式起重机的结构、元器件的位置、元器件的功能、桥式起重机的操作的认识，在教师的指导和监护下进行观摩操作。

（1）在操作师傅指导下，熟悉 20/5t 型交流桥式起重机的结构和各种操作控制以及注意事项。

（2）在教师指导下，参照 20/5t 型交流桥式起重机电路图，弄清各电气设备的安装位置，熟悉保护控制柜、交流电磁控制柜中元器件的位置及布线情况，弄清各电器元件的作用。

（3）注意事项。

①由于在空中作业，观摩和检修时必须确保安全，防止发生坠落事故。

②在进行检修时，必须思想集中，要备好需用的全部工具。使用时手要捏紧，防止由于工具坠落造成伤人事故。在起重机移动时不准走动，停车时走动也应手扶栏杆，防止发生意外。

③参观、检修必须在起重机停止工作而且在切断电源时进行，不准带电操作。

练一练

一、填空题

1. 起重机是一种用来_____或_____，并使重物在短距离内移动的起重设备。

2. 20/5t型桥式起重机主要由_____、_____、_____和_____四部分组成。

3. 20/5t型桥式起重机的主钩和副钩都装在_____上，主钩用来_____，副钩用来_____，副钩除可提升轻物外，还可以用来_____工件。

4. 为保证人身和设备安全，20/5t型桥式起重机的停车必须采用安全可靠的制动方式，因此采用_____。

5. 20/5t型桥式起重机电气控制线路中，起重机投入运行前，应将所有凸轮控制器手柄置于_____位。

6. 20/5t型桥式起重机的工作环境较恶劣，经常需带载启动，要求电动机的启动转矩大、启动电流小，且有一定的调速要求，因此多选用_____电动机拖动。

7. 20/5t型桥式起重机运行时，当负载很轻时，不能用制动下降位置的"1"或"2"挡下放负载，否则负载反而吊起，而应该用_____挡来吊运。

8. 20/5t型桥式起重机每台电动机的过流保护采用_____。

9. 20/5t型桥式起重机在下放负载时，根据负载大小，电动机的运行状态可以自动在_____状态、_____状态或_____状态之间转换。

10. 20/5t型桥式起重机线路中具有_____、_____、_____及_____保护等多个保护环节。

二、判断题

（　　）1. 20/5t型桥式起重机电气控制线路中，小车、大车的前进与后退由凸轮控制器控制。

（　　）2. 20/5t型桥式起重机电气控制线路中，KV是电流继电器。

（　　）3. 20/5t型桥式起重机电气控制线路中，各电动机通过调节转子绕组串联电阻的阻值进行调速。

（　　）4. 20/5t型桥式起重机驾驶室舱门上装有安全开关SQ7。

（　　）5. 20/5t型桥式起重机主接触器KM不吸合，主钩电动机就无法启动。

（　　）6. 20/5t型桥式起重机主钩有上升限位，副钩没有上升限位。

（　　）7. 20/5t型桥式起重机制动下降"J"挡停留时间不宜过长，以免电动机烧坏。

（　　）8. 20/5t型桥式起重机的主钩和副钩可以同时提升两个重物。

（　　）9. 20/5t型桥式起重机的主钩电动机需带负载启动，因此启动转矩越大越好。

（　　）10. 20/5t型桥式起重机的导轨及金属桥架应可靠接地。

（　　）11. 20/5t型桥式起重机的驾驶舱门和横梁栏杆门是否关闭不影响其工作。

（　　）12. 为了提高电动机运行的可靠性，20/5t型桥式起重机的五台电动机均采用三相平衡切除转子附加电阻的方式，以使三相转子电流平衡。

（　）13. 20/5t 型桥式起重机主钩升降的工作过程与副钩基本相似，区别仅在于它是通过主令控制器控制接触器实现控制的。

（　）14. 20/5t 型桥式起重机的主令控制器 AC4 的手柄扳到下降"J"挡时，电动机 M5 仍处于制动状态，主钩并不下降。

（　）15. 20/5t 型桥式起重机在工作工程中，若遇到紧急情况需立即切断电源，可拉下保护柜上的紧急开关 QS4。

三、选择题

1. 20/5t 型桥式起重机电气控制线路中，电压继电器 KV 的作用是（　）。

A. 欠压保护　　　　　　　　B. 过压保护　　　　　　　　C. 过流保护

2. 20/5t 型桥式起重机电气控制线路中，副钩上升限位开关是（　）。

A. SQ4　　　　　　　　　　B. SQ6　　　　　　　　　　C. SQ5

3. 20/5t 型桥式起重机电气控制线路中，下降"J"挡为（　）。

A. 机械制动加反接制动　　　B. 只有机械制动　　　　　　C. 只有反接制动

4. 20/5t 型桥式起重机总电源开关是（　）。

A. QS1　　　　　　　　　　B. QS2　　　　　　　　　　C. QS3

5. 20/5t 型桥式起重机中，关于主钩和副钩位置的叙述正确的是（　）。

A. 主钩和副钩都装在小车上

B. 主钩和副钩都装在大车上

C. 主钩装在大车上，副钩装在小车上

6. 20/5t 型桥式起重机的启动转矩不能过大，一般限制在启动转矩的（　）以下。

A. 30%　　　　　　　　　　B. 40%　　　　　　　　　　C. 50%

7. 在 20/5t 型桥式起重机上为保障维修人员的安全而安装的行程开关是（　）。

A. SQ1 和 SQ2　　　　　　B. SQ3 和 SQ4　　　　　　C. SQ7、SQ8 和 SQ9

8. 20/5t 型桥式起重机上容量最大的电动机是（　）。

A. 小车电动机 M2　　　　　B. 大车电动机 M3 和 M4　　C. 主钩电动机 M5

9. 20/5t 型桥式起重机中各电动机的过载保护由（　）实现。

A. 热继电器　　　　　　　　B. 过电流继电器　　　　　　C. 低压断路器

10. 20/5t 型桥式起重机的主钩电动机下放空钩时，电动机工作在（　）状态。

A. 正转电动　　　　　　　　B. 反转电动　　　　　　　　C. 倒拉反接

四、识读电气原理图，分析工作原理

1. 请根据原理图电源部分内容回答下列问题。

引导问题1：主电路采用什么样的供电方式，其电压为多少？

引导问题2：控制电路采用什么样的供电方式，其电压为多少？

引导问题3：照明电路和指示电路各采用什么样的供电方式，其电压各为多少？

引导问题4：主电路和辅助电路各供电电路中的控制器件是哪个？

引导问题5：主电路和辅助电路中各供电电路采用了什么保护措施？保护器件是哪个？

引导问题6：变压器的作用是什么？请测量一、二次绕组电压与阻值并记录。

绕组名称				
电压值 / V				
阻值 / Ω				

2. 请根据原理图主电路部分内容回答下列问题。

引导问题1：主电路有哪几台电动机？

引导问题2：主钩都使用了哪种电动机？

引导问题3：副钩电动机主要起什么作用？

3. 请根据原理图辅助电路部分内容，查阅相关资料回答下列问题。

引导问题1：主钩电动机电力拖动特点及控制要求是什么？

引导问题2：主钩电动机的控制电路由哪些器件组成，其控制电路工作原理是什么？

引导问题3：桥式起重机采用电磁抱闸制动的优点是什么？

引导问题4：凸轮控制器的工作原理是什么？

引导问题5：为什么桥式起重机在启动前各控制手柄必须置于零位？

引导问题 6：电路中采用了什么保护？由哪些器件实现？

引导问题 7：桥式起重机的主钩电动机在下放重物时可能出现哪几种工作状态？

引导问题 8：桥式起重机为什么选用绕线式转子异步电动机驱动？

引导问题 9：请小组将各成员分析的工作原理进行汇总、讨论，并展示。

五、模拟排故

1. 分析故障现象（教师假设故障点，学生根据原理分析故障现象）。

（1）根据教师给出的故障现象，结合原理分析故障现象。

（2）通电试车验证分析结果的正确性，并作记录。

故障点 1：

故障点 2：

2. 模拟排故。

（1）单故障排故（教师每次在排故台上设置 1 个故障，学生排故练习，额定工时：15 分钟），并回答以下问题。

故障现象：＿＿＿＿＿＿＿＿＿＿＿＿＿＿＿＿＿＿＿＿＿＿＿＿＿＿＿＿

根据原理分析故障范围：＿＿＿＿＿＿＿＿＿＿＿＿＿＿＿＿＿＿＿＿

检测结果：＿＿＿＿＿＿＿＿＿＿＿＿＿＿＿＿＿＿＿＿＿＿＿＿＿＿＿＿

故障排除情况：＿＿＿＿＿＿＿＿＿＿＿＿＿＿＿＿＿＿＿＿＿＿＿＿＿＿

（2）双故障排故（教师每次在排故台上设置2～3个故障，学生排故练习，额定工时：20分钟），并回答以下问题。

故障1：

故障现象：_____

_____

根据原理分析故障范围：_____

_____

检测结果：_____

_____

故障排除情况：_____

_____

故障2：

故障现象：_____

_____

根据原理分析故障范围：_____

_____

检测结果：_____

_____

故障排除情况：_____

_____

温馨提示

（1）在低压设备上的检修工作，必须事先汇报教师，经教师同意后才可进行。

（2）现场工作开始前，应检查安全措施是否符合要求，运行设备及检修设备是否明确分开，严防误操作。

（3）工作时，必须严格按照停电、验电、放电、挂停电牌的安全技术步骤进行操作。

（4）检修时，拆下的各零件要集中摆放，拆各接线前，必须将接线顺序及线号记好，避免出现接线错误。更换损坏元件或修复后，不得降低原电气装置的固有性能。

（5）严禁带电作业。

（6）检修完毕，经全面检查无误后将隔离刀闸送上，试运转后，将结果汇报教师，并做好检修记录。

任务实施

学习目标

（1）能正确识读 20/5t 型桥式起重机电气图，包括原理图、电气接线图；

（2）能根据 20/5t 型桥式起重机的故障现象及电气原理图分析故障原因，确定故障范围；

（3）借助一定的工具、仪表，能检测、确定故障点，并最终排除车床的电气故障；

（4）能与教师、同学有效沟通，有团队合作精神，有良好的职业习惯；

（5）能按 7S 要求整理工作现场。

学习场地

实训室。

学习时间

2 课时。

教学过程

1. 向车床操作工人询问故障产生情况并记录于表 6-4

表6-4　故障产生情况记录表

购买时间	
使用记录	
以前出现过的故障	
维修情况	
维修时间	
本次故障现象 （与操作人员交流获取）	

2. 直观检查故障情况，并作记录

_____

_____

_____

_____

3. 通电试车观察故障现象，并作记录

_____

_____

_____

_____

4. 结合原理分析并确定故障范围

故障范围：

_____

_____

5. 检测确定故障点，并排除故障

故障点：

_____

_____

6. 按 7S 要求整理工作现场

教学
活动五　　　　任务验收

学习目标

（1）能与教师、同学有效沟通，有团队合作精神，有良好的职业素养；

（2）能正确填写设备报修验收单。

学习场地

实训室。

学习时间

2 课时。

教学过程

各小组填写设备报修验收单，见表6-5。

表6-5　金华市技师学院设备报修验收单

报修记录					
报修部门		报修人		报修时间	
报修级别	特急□　急□　一般□		希望完工时间		年　　月　　日以前
故障设备		设备编号		故障时间	
故障状况					
维修记录					
接单人及时间			预定完工时间		
故障原因					
维修类别	小修□　　　　中修□　　　　大修□				
维修情况					
维修起止时间			工时总计		
耗用材料名称	规格	数量	耗用材料名称	规格	数量
维修人员建议					
验收记录					
验收部门	维修开始时间		完工时间		
	维修结果			验收人：　　　　　日期：	
	设备部门			验收人：　　　　　日期：	

注：本单一式两份，一联报修部门存根，一联交学校。

教学
活动六
总结拓展

学习目标

（1）能正确解读学习任务评价表，公平公正进行自我评价及小组互评；

（2）能与老师同学有效沟通，有团队合作精神，有良好的职业素养；

（3）能总结学习过程中的经验与教训，指导今后的学习与工作，能撰写工作总结；

（4）能进行知识拓展，通过自我学习拓展机床电气检修能力。

学习场地

电工模拟排故室二。

学习时间

2课时。

教学过程

一、小组展示学习成果

每小组派一名代表讲解本组负责检修车床的故障现象，逻辑分析得出的故障范围，检测结果及故障排除情况，自我评定学习任务评价表中各项成绩，填写表6-6，并说明理由。

二、小组互评学习任务完成情况

为评价表中的每项评分，并说明理由。

三、教师评价

教师根据各小组任务完成情况给出各小组本任务综合成绩。

四、撰写学习总结

各小组总结故障检修经验教训，撰写学习总结。

20/5t型桥式起重机电气检修学习总结

五、交流机床电气检修心得

小组派代表交流故障检修心得，教师讲评本任务完成总体情况及典型案例。

记录典型经验及教训：

经验1：_____

_____

经验2：_____

_____

经验3：_____

_____

教训1：_____

_____

教训2：_____

_____

教训3：_____

_____

六、知识拓展

（1）20/5t 型桥式起重机电气线路常见故障分析及排除步骤。

①故障现象：合上电源总开关并按下启动按钮 SB，接触器 KM 不动作。

原因分析：

排除步骤：

②故障现象：按下启动按钮 SB 后，接触器 KM 动作，但松开 SB 后，KM 不能自锁。

原因分析：

排除步骤：

③故障现象：主接触器 KM 吸合后，过电流继电器 KA1 ～ KA5 立即动作。

原因分析：

排除步骤：

④故障现象：制动电磁铁线圈过热。

原因分析：

排除步骤：

（2）学生利用课外时间收集其他型号起重机电气原理图，分析工作原理，练习故障原因。

表6-6 学习任务评价表

班级：_____ 姓名：_____ 学号：_____ 任务名称：_____

序号	考核内容		考核要求	评分标准	配分	自我评价（10%）	小组互评（40%）	教师评价（50%）
1	职业素养	劳动纪律	按时上下课，遵守实训现场规章制度	上课迟到、早退、不服从指导教师管理，或不遵守实训现场规章制度扣1~5分	5			
		工作态度	认真完成学习任务，主动钻研专业技能	上课学习不认真，不能主动完成学习任务扣1~5分	5			
		职业规范	遵守电工操作规程及规范及现场管理规定	1.不遵守电工操作规程及规范扣1~10分 2.不能按规定整理工作现场扣1~5分	10			
2	明确任务		填写工作任务相关内容	工作任务内容填写有错扣1~5分	5			
3	制订计划		计划合理、可操作	计划制订不合理、可操作性差扣1~5分	5			
4	工作准备		掌握完成工作需具备的知识技能	按照回答的准确性及完成程度评分	20			
5	任务实施	调查研究	对每个故障现象进行调查研究	1.排除故障前不进行调查研究，扣5分 2.故障调查研究不充分扣3分	5			
		故障分析	在电气控制线路上分析故障可能的原因，思路正确	1.错标或标不出故障范围，每个故障点扣5分 2.不能标出最小的故障范围，每个故障点扣3分	10			
		故障排除	正确使用工具和仪表，找出故障点并排除故障	1.实际排除故障中思路不清楚，每个故障点扣3分 2.每少查出一个故障点扣5分 3.每少排除一个故障点扣3分 4.排除故障方法不正确，每处扣5分	10			
		其他	操作有误，要从此项总分中扣分	1.排除故障时产生新的故障后不能自行修复，每个扣3分；已经修复，每个扣1分 2.损坏主要电气元件扣5分	5			
		回答问题	理解原理相关问题，清楚主要元件的作用，控制环节的动作过程及相应控制回路的电流通路	不能正确回答问题，扣1~5分	5			

续表

序号	考核内容	考核要求	评分标准	配分	自我评价（10%）	小组互评（40%）	教师评价（50%）
6	团队合作	小组成员互帮互学，相互协作	团队协作效果差扣1~5分	5			
7	创新能力	能独立思考，有分析解决实际问题能力	1. 工作思路、方法有创新，酌情加分 2. 工作总结到位，酌情加分	10			
			合计	100			
			综合成绩				
备注	各子项目评分时不倒扣分	指导教师综合评价	指导教师签名： 　　年　　月　　日				

参考文献

[1] 黄清锋. 机床电气控制线路安装与维修 [M]. 北京：中国劳动社会保障出版社，2014.

[2] 吴浙栋，黄清锋，金晓东. 电力拖动控制线路安装训练题 [M]. 郑州：郑州大学出版社，2017.

[3] 李敬梅. 电力拖动控制线路与技能训练 [M]. 5 版. 北京：中国劳动社会保障出版社，2014.

[4] 谢京军. 电力拖动控制线路与技能训练课教学参考书 [M]. 北京：中国劳动社会保障出版社，2008.

[5] 王兵. 常用机床电气检修 [M]. 北京：中国劳动社会保障出版社，2006.

[6] 曾祥富，陈亚林. 电气安装与维修项目实训 [M]. 北京：高等教育出版社，2012.

[7] 郭晓波. 电机与电力拖动 [M]. 北京：北京航空航天大学出版社，2007.

[8] 黄净. 电器及 PLC 控制技术 [M]. 北京：机械工业出版社，2002.

[9] 谢京军. 常用机床电气线路维修习题册 [M]. 北京：中国劳动社会保障出版社，2012.

[10] 王洪. 机床电气控制 [M]. 北京：科学出版社，2009.